职业教育机电类"十二五"规划教材

液压与气动技术

樊薇　曾美华　主编

徐承意　赵昌　副主编

欧阳毅文　主审

U0316355

人民邮电出版社

北京

图书在版编目（CIP）数据

液压与气动技术 / 樊薇，曾美华主编. -- 北京：
人民邮电出版社，2014.2（2017.1 重印）
职业教育机电类"十二五"规划教材
ISBN 978-7-115-33877-8

Ⅰ. ①液… Ⅱ. ①樊… ②曾… Ⅲ. ①液压传动－职
业教育－教材②气压传动－职业教育－教材 Ⅳ.
①TH137②TH138

中国版本图书馆CIP数据核字(2013)第321912号

内 容 提 要

液压与气动技术是一门偏重于理论，但在实际应用中又有一定要求的课程。本书根据职业教育的实际要求，以培养能够适应社会发展和建设需要，服务第一线的技术应用型人才为目标，突出实用性，加强学生对液压与气动技术原理的理解及其实际应用的掌握，理论上以够用为原则，注重培养学生的实际应用能力。

全书共 7 个项目，27 个任务，以液压为主，气动为辅。主要内容有液压与气动的基础知识，液压与气动的动力元件、执行元件、辅助元件、控制元件的结构及原理分析，液压与气动基本回路和典型系统，液压与气动系统的安装、调试、维护、保养等。每个任务都有相应的实践活动和练习与思考来巩固所学知识，每个项目都附有综合训练来强化所学内容。

本书适合各类职业院校机械类、近机类专业学生使用，也可作为企业职工培训教材或自学教材。

◆ 主　　编　樊　薇　曾美华
　　副 主 编　徐承意　赵　昌
　　主　　审　欧阳毅文
　　责任编辑　李育民
　　责任印制　杨林杰

◆ 人民邮电出版社出版发行　　北京市丰台区成寿寺路 11 号
　　邮编　100164　电子邮件　315@ptpress.com.cn
　　网址　http://www.ptpress.com.cn
　　大厂聚鑫印刷有限责任公司印刷

◆ 开本：787×1092　1/16
　　印张：14.5　　　　　　　　2014 年 2 月第 1 版
　　字数：340 千字　　　　　　2017 年 1 月河北第 5 次印刷

定价：34.00 元
读者服务热线：(010)81055256　印装质量热线：(010)81055316
反盗版热线：(010)81055315

前言

Forward

根据国家大力发展职业教育规划的纲要精神，以培养学生能力为目标，以实际应用为目的，以理论教学与实训一体化的现代职业教育理念为指导，着重体现任务引领的项目式教学课程设计理念编写本教材。

本书将液压与气动技术的知识分为若干个任务，以完成任务为目标，本着应用为本，够用为度的原则，对较深的理论分析和计算进行适当地删减，着重培养学生对所学理论知识的应用能力，锻炼学生实际解决问题的能力，动手动脑能力。

全书共 7 个项目。包括液压与气动的基础知识，液压与气压传动的动力元件、执行元件、控制元件，基本回路、典型液压和气压回路，以及液压与气压传动系统的安装、调试、维护、保养和简单故障排除，液压系统的设计等内容。每个独立的任务都配有与基本知识点相对应的实践活动和思考题，项目后都配有综合训练，分别从理论和实践两方面来巩固所学内容。

本书的参考学时为 60～72 学时（包含实训在内），液压课程设计单独安排 1～2 周。理论知识和实践内容各学校可根据具体情况进行增减。

学时分配表

项　目	课程内容	学时
项目一	液压传动基础	6～8
项目二	液压动力元件	8～10
项目三	液压执行元件及辅助元件	6～8
项目四	液压控制元件与基本回路	20～22
项目五	典型液压系统实例的分析	4～8
项目六	液压系统的设计计算、使用维护和故障处理	4～6
项目七	气压传动	10～12

本书由江西机电职业技术学院樊薇、曾美华任主编；江西现代职业技术学院徐承意、江西工业职业技术学院赵昌任副主编；欧阳毅文主审；樊薇统稿。其中樊薇编写了项目一、项目六、项目七和附录；曾美华编写了项目三、项目四；徐承意编写了项目二；赵昌编写了项目五；江西现代职业技术学院宋细生、江西机电职业技术学院邓群参与了部分章节的编写工作。

本书在编写过程中，参考了大量的文献、教材、手册等资料，得到了有关院校、企业的大力支持和帮助，在此一并致谢。

由于编者水平有限，经验不足和编写时间仓促，书中难免出现错误或不妥之处，敬请读者批评指正。

编　者
2013 年 11 月

Content

目 录

Chapter

1

项目一

| 液压传动基础 |

液压传动与气压传动统称为流体传动，都是以密闭系统中有压流体（液体或气体）作为工作介质来传递运动、动力或控制信号的一种传动方式。相对于机械传动，它出现得较晚，但由于其优良特性，其在现代化生产中应用越来越广，是现代机、电、液技术的重要组成部分。液压与气动技术是工业技术人员必须掌握的知识。

 初识液压系统

【知识目标】

（1）掌握液压传动系统的基本工作原理。

（2）知道液压传动系统的组成及每部分的作用。

（3）了解液压传动的特点。

【能力目标】

（1）能举出一些应用实例（即了解液压传动的应用场合）。

（2）能说出简单液压系统的工作过程、各组成部分的名称和作用。

| 一、液压千斤顶的工作原理 |

图 1-1 所示为液压千斤顶的工作原理图。大油缸 9 和大活塞 8 组成举升液压缸。杠杆手柄 1、

小油缸 2、小活塞 3、单向阀 4 和 7 组成手动液压
泵。如提起手柄 1 使小活塞 3 向上移动，小活塞
3 下端油腔容积增大，压力下降，形成局部真空，
这时单向阀 4 打开，单向阀 7 关闭，通过吸油管
5 从油箱 12 中吸油；用力压下手柄 1，小活塞 3
下移，小活塞 3 下腔变小，压力升高，单向阀 4
关闭，单向阀 7 打开，下腔的油液经管道 6 输入
举升油缸 9 的下腔，迫使大活塞 8 向上移动，顶
起重物。再次提起手柄 1 吸油时，单向阀 7 自动
关闭，使油液不能倒流，从而保证了重物不会自
行下落。不断地往复扳动手柄 1，就能不断地把
油液压入举升缸的下腔，使重物逐渐地升起。如
果打开截止阀 11，举升缸下腔中的油液通过管道

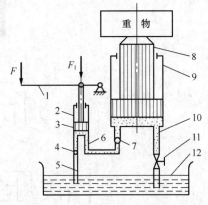

1—杠杆手柄；2—小油缸；3—小活塞；4，7—单向阀；
5—吸油管；6，10—管道；8—大活塞；
9—大油缸；11—截止阀；12—油箱。
图1-1　液压千斤顶工作原理图

10、截止阀 11 流回油箱，重物就向下移动。这就是液压千斤顶的工作原理。

　　通过对液压千斤顶工作过程的分析，可以初步了解到液压传动的基本工作原理：液压传动是利
用压力油液作为介质传递运动和动力的一种传动方式。压下杠杆时，小油缸 2 输出压力油，是将机
械能转换成油液的压力能；压力油经过管道 6 及单向阀 7，推动大活塞 8 举起重物，是将油液的压
力能又转换成机械能。由此可见，液压传动是一个不同能量间的转换过程。

二、简单机床液压系统的工作原理

　　图 1-2（a）所示为一驱动机床工作台的液压传动系统的工作原理。它由油箱 19、滤油器 18、液压
泵 17、溢流阀 13、换向阀 5、节流阀 7、开停阀 10、液压缸 2 以及连接这些元件的油管、管接头等组成。

　　其工作原理如下：液压泵由电动机驱动后，从油箱中吸油。油液经滤油器进入液压泵，在泵的
带动下，从泵腔入口的低压变为泵腔出口的高压。在图 1-2（a）所示状态下，开停阀 10 扳到右位，
油液通过开停阀 10、节流阀 7、换向阀 5、液压缸 2 左油管进入液压缸 2 的左腔，推动活塞使工作
台 1 向右移动。这时，液压缸 2 右腔的油经换向阀 5 和回油管 6 排回油箱。在图 1-2（b）所示状态
下，换向阀 5 换到左位，油液通过开停阀 10、节流阀 7、换向阀 5、液压缸 2 右油管进入液压缸 2
右腔，推动活塞使工作台 1 向左移动。这时，液压缸 2 左腔的油还是经换向阀 5 和回油管 6 排回油
箱。工作台 1 的移动速度是通过节流阀 7 来调节的。当节流阀 7 开大时，进入液压缸 2 的油量增多，
工作台 1 的移动速度增大；当节流阀 7 关小时，进入液压缸 2 的油量减小，工作台 1 的移动速度减
小。工作台 1 速度减小和停止时，液压泵 17 输出的多余液压油克服溢流阀 13 中弹簧 15 的阻力，顶
起钢球 14，经回油管 16 流回油箱。为了克服移动工作台 1 时所受到的各种阻力，液压缸 2 必须产
生一个足够大的推力，这个推力是由液压缸中的油液压力所产生的。要克服的阻力越大，缸中的油
液压力越高；反之，压力就越低。这种现象正说明了液压传动的一个基本性质——负载决定压力。

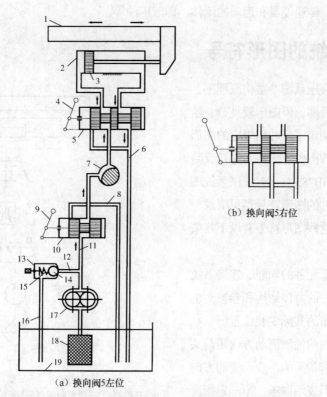

（a）换向阀5左位

1—工作台；2—液压缸；3—活塞；4—换向手柄；5—换向阀；6, 8, 16—回油管；
7—调速阀；9—开停阀手柄；10—开停阀；11—压力管；12—压力支管；
13—溢流阀；14—钢球；15—弹簧；17—液压泵；18—滤油器；19—油箱。
图1-2　机床工作台液压系统的工作原理图

三、液压系统的组成

通过以上的例子，我们可以看出，液压系统一般由动力元件、执行元件、控制元件和一些辅助元件及工作介质 5 部分组成。

（1）动力元件：液压泵，它由电动机带动，向系统提供压力油，是将机械能转换成液体压力能的装置。

（2）执行元件：是把液压能转换为机械能以驱动工作机构的输出装置。液压系统最终目的是要推动负载运动。一般执行元件可分为液压缸与液压马达两类。液压缸使负载作直线运动，液压马达使负载转动。

（3）控制元件：是液压系统中用于控制方向、压力、流量、工作性能的各种液压阀。在液压系统中，用压力阀来控制力量，用流量阀来控制速度，用方向阀来控制运动方向。

（4）辅助元件：除了以上几种元件外，还有用来储存液压油的油箱；为了增强液压系统的功能，尚需有去除油内杂质的过滤器，防止油温过高的冷却器，以及测量用的仪表、连接用的油管、密封用的密封件等液压元件，我们称这些元件为辅助元件。

（5）工作介质：传递能量和运动的流体，即液压油等。

四、液压系统的图形符号

图 1-2 所示为液压系统半结构原理图。它比较直观、容易理解，但图形较复杂，绘制困难。我国已经制定了一种用规定的图形符号来表示液压原理图中各元件和连接管路的国家标准，即《GB786.1—93 液压系统图图形符号》（常用元件的图形符号参见附录）。在此国标中，对于这些图形符号有以下几条基本规定。

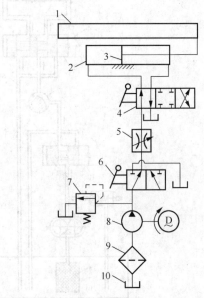

1—工作台；2—液压缸；3—活塞；4—换向阀；5—调速阀；
6—开停阀；7—溢流阀；8—液压泵；9—滤油器；10—油箱。

图1-3　机床工作台液压系统的图形符号图

（1）符号只表示元件的职能、连接系统的通路，不表示元件的具体结构和参数，也不表示元件在机器中的实际安装位置。

（2）元件符号内的油液流动方向用箭头表示，线段两端都有箭头的，表示流动方向可逆，但有时箭头只表示联通，不一定指流动方向。

（3）符号均以元件的静止位置或中间零位置表示，当系统的动作另有说明时，可作例外。

图 1-3 为图 1-2 所示的系统改用国标《GB786.1—93 液压系统图图形符号》绘制的工作原理图。通过对比图 1-3 和图 1-2 可以看到，使用这些图形符号可使液压系统图简单明了，且便于绘制。

五、液压传动的特点

1. 优点

（1）安装方便灵活。由于液压传动是油管连接，所以借助油管的连接可以方便灵活地布置传动机构，对于液压元件的布置也有较大的灵活性，这是比机械传动优越的地方。

（2）体积小，输出力大。在同等功率情况下，液压传动装置体积小、重量轻、结构紧凑。例如，同样功率的液压马达重量只有电动机的 10%。液压系统一般使用压力都有几 MPa 到十几 MPa，甚至高达 50 MPa 以上。

（3）过载的危险小。借助于设置溢流阀，当系统压力超过设定压力时，将溢流阀阀芯打开，液压油经溢流阀流回油箱，故系统压力无法超过设定压力。同时，由于各种元件的运动都在油液中，能够自润滑，故元件使用寿命长。

（4）易于调整输出力。只要调整压力控制阀即可轻易调整液压装置输出力。速度调整也容易实现。借助于流量阀或变量泵、变量电机，可以实现无级调速，调速范围大，可达 1∶2000，并可在液压装置运行的过程中进行调速。

（5）工作性能好。液压装置工作平稳、反应快、冲击小，能够快速启动、停止、频繁换向。

（6）易于自动化控制。液压控制阀控制操作简单方便，特别是机、电、液配合使用时，能很容易地实现复杂的自动工作循环。

（7）液压元件已实现了标准化、系列化和通用化，便于设计、制造和推广使用。

2．缺点

（1）液压传动不能保证严格的传动比。这是由于液压油的可压缩性和泄漏造成的。

（2）密封不良会造成液压油外泄。它除了会污染工作场所外，还有引起火灾的危险。

（3）液压系统对温度敏感。油温上升时，黏度降低；油温下降时，黏度升高。油的黏度发生变化时，流量也会跟着改变，造成速度不稳定。

（4）系统将电动机的机械能转换成液体压力能，再把液体压力能转换成机械能来做功，能量经两次转换损失较大，能源使用效率比传统机械的低很多。

（5）液压系统大量使用各式控制阀，为了防止内外泄漏损耗，对元件的加工精度要求较高。液压系统还含有大量的接头及管子，使得对安装维护的要求也相对较高。

（6）液压控制元件的运动、油液的流动基本都在密闭环境内进行，故系统出现故障时难以直观发现，故障诊断较困难，要求维修人员有较强的分析能力。

▌观察与实践 ▌

（1）操作使用简单机床液压系统实验台。

（2）观察并指出实验台的组成部分及每部分的作用。

（3）熟悉实验台的工作原理。

▌思考与练习 ▌

（1）什么是液压传动？液压传动有哪些特点？

（2）我们日常生活中见过哪些液压设备和液压装置？

了解液压油

【知识目标】

（1）掌握液压油的基本性质（主要是黏性）。

（2）掌握黏度的表示方法、液压油牌号的意义、种类。

（3）正确使用液压油。

【能力目标】

（1）知道黏度的表示方法，根据液压油牌号能正确判断油的黏度。

（2）能正确合理选用和使用液压油。

一、液压油的用途

液压油有以下几种作用。

（1）传递运动与动力。液压油是液压系统的工作介质。液压泵将机械能转换成液体的压力能，液压油将压力能传至各处。由于油本身具有黏性，因此，在传递过程中会产生一定的能量损失。

（2）润滑。液压元件内各移动部件都可受到液压油的充分润滑，从而降低元件磨损，提高使用寿命。

（3）密封。油本身的黏性对细小的间隙有密封的作用。

（4）冷却。系统损失的能量会变成热量，被油带出。

二、液压油的性质

1. 密度

液体单位体积内的质量称为密度。密度随着温度或压力的变化而变化，但变化不大，通常可以忽略不计。工业液压油系矿物油，密度约为 0.85～0.95 g/cm³；油包水型液压油含油较多，密度约为 0.92～0.94 g/cm³；水包油型液压油含水较多，密度约为 1.05～1.1 g/cm³。

一般计算中，取液压油系矿物油，密度 ρ=900 kg/m³。

2. 黏性

（1）牛顿内摩擦定律 液体在外力作用下流动时，由于液体分子间的内聚吸引力而产生一种阻碍液体分子之间进行相对运动的内摩擦力。液体流动时分子间产生内摩擦力的性质称为液体的黏性。液体只有在流动时才会呈现黏性。液压油的黏性对机械效率、磨耗、压力损失、容积效率、漏油及泵的吸入性影响很大。在图 1-4 液体的黏性示意图上，以平行平板间的流动情况为例，设上平板以速度 u_0 向右运动，下平板固定不动。紧贴于上平板上的流体黏附于上平板上，其速度与上平板相同。紧贴于下平板上的流体黏附于下平板上，其速度为零。中间流体的速度按线性分布。我们把这种流动看成是许多无限薄的流体层在运动，当运动较快的流体层在运动较慢的流体层上滑过时，两层间由于黏性就产生内摩擦力的作用。

根据实际测定的数据可知，流体层间的内摩擦力 F 与流体层的接触面积 A 及流体层的相对流速 du 成正比，而与此二流体层间的距离 dy 成反比，即：

$$F = \mu A \mathrm{d}\mu / \mathrm{d}y \qquad (1\text{-}1)$$

以 τ=F/A 表示内摩擦切应力，则有：

$$\tau = \mu \frac{\mathrm{d}u}{\mathrm{d}y} \tag{1-2}$$

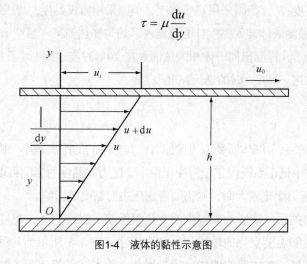

图1-4　液体的黏性示意图

这就是牛顿内摩擦定律。式中，μ 为比例常数，又称为黏性系数或动力黏度。

（2）黏度　液体黏性的大小用黏度来表示，常用的黏度有 3 种：动力黏度、运动黏度和相对黏度。

① 动力黏度　表征流体黏性的内摩擦系数，也称为绝对黏度，用 μ 表示，单位为 Pa·s（帕·秒）。

② 运动黏度　动力黏度与液体密度的比值，称为运动黏度，用 ν 表示，单位为 m²/s，常用单位为 St（斯）、cSt（厘斯），其换算关系为 1 m²/s=10⁴ cm²/s(St) = 10⁶ mm²/s(cSt)如表 1-1 所示为常用液压油的牌号和运动。

$$\nu = \frac{\mu}{\rho} \tag{1-3}$$

表 1-1　　　　　　　　　　　　　　常用液压油的牌号和运动黏度

ISO 3448-92 黏度等级	40℃时运动黏度 （mm²/s）	现牌号 （GB/T3141—94）	过渡牌号 （1983—1990 年）	旧牌号 （1982 年以前）
ISO VG15	13.5～16.5	15	N15	10
ISO VG22	19.8～24.2	22	N22	15
ISO VG32	28.8～35.2	32	N32	20
ISO VG46	41.4～50.6	46	N46	30
ISO VG68	61.2～74.8	68	N68	40
ISO VG100	90～110	100	N100	60

黏度是液压油的主要性能指标。习惯上使用运动黏度标定液体的黏度。例如，机械油牌号的数值就是其在 40℃时的平均运动黏度的数值（单位为 cSt）。

液压油牌号的编制方法和详细意义可查阅有关的液压手册。

③ 相对黏度　又称为条件黏度，它是采用特定的黏度计在规定条件下测出的液体黏度。我国和

德国等国家采用恩氏黏度 $°E$，美国采用赛氏黏度，英国采用雷氏黏度。恩氏黏度 $°E$ 采用恩氏黏度计测定。将 200mL 的被测液体装入黏度计的容器内，均匀加热到某一温度 t，液体自底部 $\phi 2.8mm$ 的小孔流尽所需时间为 t_1，再测出同一体积的蒸馏水在 20℃时流过同一小孔所需时间为 t_2，t_1 与 t_2 的比值即为被测液体在这一温度 t 时的恩氏黏度 $°E_t$。

$$°E_t = \frac{t_1}{t_2} \qquad (1-4)$$

（3）黏度与压力的关系　液体所受压力增加时，其分子间的距离减小，内聚力增加，黏度也随之略有增大。液压油在中低压系统内，压力变化很小，压力对黏度的影响可以忽略不计。当压力较高（大于 10 MPa）或压力变化较大时，则需要考虑压力对黏度的影响。

（4）压力与温度的关系　液压油对温度的变化很敏感，温度上升，黏度降低；温度下降，黏度增加。这种油的黏度随温度变化的性质称为黏温特性。图 1-5 所示为几种常用国产液压油的黏度—温度曲线。黏度降低，造成泄漏增加、磨损增加、效率降低等问题；黏度增加，造成流动困难及泵转动不易等问题。如工作时油液温度超过 60℃，就必须加装冷却器，因为油温在 60℃以上时，每超过 10℃，油的劣化速度就会加倍。我们希望液压油的黏温特性好，即黏度随温度的变化越小越好。

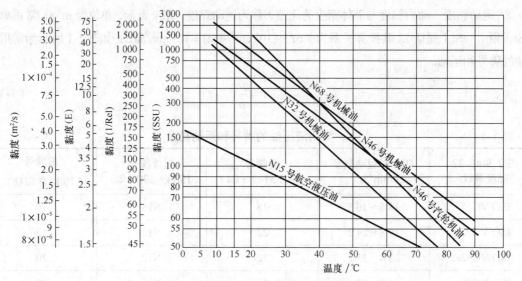

图1-5　几种国产液压油的黏度—温度曲线

3. 压缩性

液压油在低、中压时可视为非压缩性液体，但在高压时，压缩性就不可忽视了。液压油的可压缩性是钢的 100~150 倍，即与木材的压缩性相当。压缩性会降低运动的精度，增大压力损失，而使油温上升，在压力信号传递时，会有时间延迟，响应不良等现象。

液压油还有其他一些性质，如稳定性、抗泡沫性、抗乳化性、抗燃性、防锈性、润滑性以及相容性等。这些性质是通过在液压油中加入各种添加剂来实现的。

三、液压油的种类

液压油主要有矿物油型、乳化型、合成型 3 大类。

1. 矿物油型液压油

矿物油型液压油主要由石油炼制而成，并添加了抗氧化剂和防锈剂等添加剂，是用途最广的一种液压油。其缺点是耐火性差，不能用在高温、易燃、易爆的场合。

2. 乳化型液压油

乳化型液压油抗燃性好，主要用于有起火危险的场合及大容量系统。其包含水包油型和油包水型两种类型。水包油型的价格便宜，但润滑性差，会侵蚀油封和金属；油包水型抗磨防锈性好，又具有抗燃性，但稳定性较差。

3. 合成型液压油

合成型液压油是一种化学合成溶剂。其性能良好，具有以上两种类型的优点。

四、液压油的选用

液压油有很多种类，可根据不同的使用场合选用合适的类型。在类型确定的情况下，最主要考虑的是所选油液的黏度。选择液压油时应主要考虑如下因素。

1. 系统的工作压力

选择液压油时，应根据液压系统工作压力的大小选用。通常，当工作压力较高时，宜选用黏度较高的油，以免系统泄漏过多，效率过低；工作压力较低时，可以用黏度较低的油，这样可以减少压力损失。例如，当压力 $p=7\sim20$ MPa 时，可选用 N46～N100 的液压油；当压力 $p<7$ MPa 时，可选用 N32～N68 的液压油。

凡在中、高压系统中使用的液压油还应具有良好的抗磨性。

2. 执行元件的运动速度

执行机构运动速度较高时，为了减小液流的功率损失，宜选用黏度较低的液压油。反之采用较高黏度的液压油。

3. 工作环境温度

工作环境温度高时，为了减少泄漏，宜选用黏度较高的液压油。环境温度低时，宜选用黏度较低的液压油。

4. 液压泵的类型

液压泵是液压系统的重要元件，在系统中它的运动速度、压力和温升都较高，工作时间又长，因而对黏度要求较严格。所以选择黏度时应首先考虑到液压泵。否则，会造成泵磨损快，容积效率降低，甚至可能破坏泵的吸油条件。在一般情况下，可将液压泵对液压油黏度的要求作为选择液压油的基准。液压泵所用金属材料对液压油的抗氧化性、抗磨性、水解安定性也有一定要求。按液压泵的要求确定液压油的标准，可参见表 1-2。

表 1-2　　　　　　　　　　　各类液压泵推荐用油

名称		黏度范围（mm²/s）		工作压力（MPa）	工作温度（℃）	推荐用油
		允许	最佳			
叶片泵（1200r/min）		16～220	26～54	7	5～40	L-HM 液压油 32，46，68
					40～80	
叶片泵（1800r/min）				7 以上	5～40	L-HM 液压油 46，68，100
					40～80	
齿轮泵		4～220	25～54	12 以下	5～40	L-HL 液压油 32，46，68
					40～80	
				12 以上	5～40	L-HM 液压油 46，68，100，150
					40～80	
柱塞泵	径向	10～65	16～48	14～35	5～40	L-HM 液压油 32，46，68，100，150
					40～80	
	轴向	4～76	16～47	35 以上	5～40	L-HM 液压油 32，46，68，100，150
					40～80	
螺杆泵		19～49		10.5 以上	5～40	L-HL 液压油 32，46，68
					40～80	

注：液压油牌号 L-HM32 的含义是，L 表示润滑剂，H 表示液压油，M 表示抗磨型，黏度等级为 VG32。

五、液压油的污染与控制

　　液压油的污染是液压系统发生故障的主要原因。液压系统所有故障中 80%以上是由液压油的污染造成的。即使是新油往往也含有许多污染物颗粒，甚至可能会比高性能液压系统允许的多 10 倍。因此正确使用液压油，做好液压油的管理和防污染工作是保证液压系统工作可靠性，延长液压元件使用寿命的重要手段。

1. 污染的主要原因

　　污染物的来源是多方面的，总体来说可分为系统内部残留、内部生成和外部侵入 3 种。造成油液污染的主要原因有以下几点。

　　（1）液压油虽然是在比较清洁的条件下精炼和调制成的，但在油液运输和储存过程中会受到管道、油桶、油罐的污染。

　　（2）液压系统和液压元件在加工、运输、存储、装配过程中灰尘、焊渣、型砂、切屑、磨料等残留物造成污染。

　　（3）液压系统运行中由于油箱密封不完善以及元件密封装置损坏、不良而由系统外部侵入的灰尘、砂土、水分等污染物造成污染。

　　（4）液压系统运行过程中产生污染物。金属及密封件因磨损而产生的颗粒、通过活塞杆等处进入系统的外界杂质、油液氧化变质的生成物也都会造成油液的污染。

2. 污染的危害

液压油污染会使液压系统性能变坏，经常出现故障，液压元件磨损加剧，寿命缩短。油液污染对液压系统的危害可大致归纳为以下几点。

（1）固体颗粒使液压元件滑动部分磨损加剧，反应变慢，甚至造成卡死，缩短其使用寿命。固体颗粒物还易堵塞滤油器，使液压泵运转困难，造成吸空，产生气蚀、振动和噪声。

（2）造成液压元件的微小孔道和缝隙的堵塞，使液压阀性能下降或动作失灵。

（3）加速密封件的磨损，使泄漏量增大。

（4）液压油中混入水分会使液压油的润滑能力降低，并使油液乳化变质，并腐蚀金属表面，生成的锈片会进一步污染油液。

（5）低温时，自由水会变成冰粒，堵塞元件的间隙和孔道。

（6）空气混入液压油会产生气蚀，降低元件机械强度，致使液压系统出现振动和爬行，产生噪声。

（7）空气还能加速油液氧化变质，增大油液的可压缩性。

3. 污染的控制

对液压油进行良好的管理，保证液压油的清洁，对于保证设备的正常运行，提高设备使用寿命有着非常重要的意义。污染物种类不同，来源各异，治理和控制措施也有较大差别。我们应在充分分析了解污染物来源及种类的基础上，采取经济有效的措施，控制油液污染水平，保证系统正常工作。

对液压油的污染控制工作概括起来有两个方面：一是防止污染物侵入液压系统，二是把已经侵入的污染物从系统中清除出去。污染的控制要贯穿于液压系统的设计、制造、安装、使用、维修等各个环节。在实际工作中污染控制主要有以下措施。

（1）在使用前保持液压油清洁。液压油进厂前必须进行取样检验，加入油箱前应按规定进行过滤并注意加油管、加油工具及工作环境的影响。贮运液压油的容器应清洁、密封，系统中漏出来的油液未经过滤不得重新加入油箱。

（2）做好液压元件和密封元件的清洗工作，减少污染物侵入。所有液压元件及零件装配前应彻底清洗，特别是细管、细小盲孔及死角的铁屑、锈片、灰尘、沙粒等，应清洗干净，并保持干燥。零件清洗后一般应立即装配，暂时不装配的，则应妥善防护，防止二次污染。

（3）液压系统在装配后、运行前应保持清洁。液压元件加工和装配时要认真清洗和检验，装配后进行防锈处理。油箱、管道和接头应在去除毛刺、焊渣后进行酸洗，以去除表面氧化物。液压系统装配好后，应做循环冲洗，并进行严格检查后，再投入使用。液压系统开始使用前，还应将空气排尽。

（4）在工作中保持液压油清洁。液压油在工作中会受到环境的污染，所以应采用密封油箱或在通气孔上加装高效能空气滤清器，可避免外界杂质、水分的侵入。控制液压油的工作温度，防止油温过高，造成油液氧化变质。

（5）防止污染物从活塞杆伸出端侵入。液压缸活塞工作时，活塞杆在油液与大气间往返，易将大气中污染物带入液压系统中。设置防尘密封圈是防止这种污染侵入的有效方法。

（6）合理选用过滤器。根据设备的要求、使用场合，在液压系统中选用不同过滤方式、不同精度和结构的滤油器，并对滤油器定期进行检查、清洗。

观察与实践

（1）观察污染程度不同的液压油，通过颜色、气味判断污染程度。

（2）给出不同温度同种牌号的液压油，观察它们的流动情况。

思考与练习

（1）什么是液体的黏性？常用的表示方法有哪几种？

（2）如何选择液压油的黏度？

（3）液压油的污染有什么危害？如何控制液压油的污染？

了解流体力学

【知识目标】

（1）掌握静压力的概念、单位、表示方法，掌握静力学基本方程及其物理意义。

（2）掌握流量和平均流速的概念。

（3）掌握连续性方程、伯努利方程。

【能力目标】

（1）能运用静力学基本方程求液体的静压力，知道压力的变化规律。

（2）能运用连续性方程解简单问题，了解伯努利方程。

（3）能正确识读压力表、流量计等仪表。

一、液体静力学基础

1. 液体的静压力

静止液体在单位面积上所受的法向力称为静压力，简称压力，用 p 表示。静压力在物理学中被称为压强，在液压传动中目前还是习惯地称之为压力。

静止液体中某点处微小面积 ΔA 上作用有法向力 ΔF，则该点的压力定义为

$$p = \lim_{\Delta A \to 0} \frac{\Delta F}{\Delta A} \qquad (1\text{-}5)$$

若法向作用力 F 均匀地作用在面积 A 上，则压力可表示为

$$p = \frac{F}{A} \qquad (1\text{-}6)$$

我国采用法定计量单位 Pa（N/m^2，帕斯卡，简称帕）来计量压力，1 Pa=1 N/m^2，液压技术中习惯用的单位还有 MPa（兆帕，N/mm^2）。在老企业中还习惯使用 bar（巴，kgf/cm^2）作为压力单位，各单位关系为 1MPa =10^6 Pa≈ 10 bar。

液体静压力有如下 2 个特性。

（1）液体静压力垂直于承压面，其方向和该面的内法线方向一致。这是由于液体质点间内聚力很小，不能受拉、剪作用，只能受压所致。

（2）静止液体内任一点所受到的压力在各个方向上都相等。如果某点受到的压力在某个方向上不相等，那么液体就会流动，这就违背了液体静止的条件。

2. 液体静力学基本方程

现在我们要求液体表面下深度为 h 处的压力。想象在静止不动的液体中有如图 1-6 所示的一个高度为 h，底面积为 ΔA 的假想微小液柱，上表面上的压力为 p_0，下表面的压力为 p。

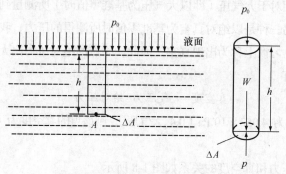

图1-6　液体静力学基本方程

因这个小液柱在重力及周围液体的压力作用下处于平衡状态，故我们可把其在垂直方向上的力平衡关系表示为

$$p\Delta A = p_0\Delta A + \rho gh\Delta A$$

式中，$\rho gh\Delta A$ 为小液柱的重力，ρ 为液体的密度。

上式化简后得：

$$p = p_0 + \rho gh \qquad (1\text{-}7)$$

式（1-7）为静力学的基本方程。根据此式可得出如下结论。

（1）静止液体内任意点的压力由两部分组成，即液面上的外压力 p_0 和液体自重对该点的压力 ρgh。

（2）液体中的静压力随着深度 h 的增加而呈线性增加。

（3）在连通器里，静止液体中只要深度 h 相同，其压力就相等，即等压面是水平面。

【例 1-1】如图 1-7 所示，容器内盛有油液。已知油的密度 ρ=900 kg/m^3，活塞上的作用力 F=1kN，

活塞的面积 $A=1 \times 10^{-3}\mathrm{m}^2$，假设活塞的重量忽略不计。问活塞下方深度为 $h=0.4\,\mathrm{m}$ 处的压力等于多少？

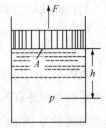

解：活塞与液体接触面上的压力均匀分布，有

$$p_0 = \frac{F}{A} = \frac{1000}{1\times 10^{-3}} = 10^6\,\mathrm{N/m^2}$$

根据静力学基本方程式（1-6），深度为 h 处的液体压力为

$$p=p_0+\rho gh=10^6+900 \times 9.8 \times 0.4=1.0035 \times 10^6\,\mathrm{N/m^2} \approx 10^6\,\mathrm{Pa}$$

图1-7　静止液体内的压力

从本例可以看出，液体在受外界压力作用的情况下，液体自重所形成的那部分压力 ρgh 相对甚小，在液压系统中常可忽略不计，因而可近似认为整个液体内部的压力是相等的。以后我们在分析液压系统的压力时，一般都采用这一结论。

3. 绝对压力、相对压力及真空度

液压系统中的压力通常有绝对压力、相对压力（表压力）、真空度 3 种表示方法。

因为在地球表面上，一切物体都受大气压力的作用，而且是自成平衡的，即大多数测压仪表在大气压下并不动作，这时它所表示的压力值为零。因此，它们测出的压力是高于大气压力的那部分压力。也就是说，它是相对于大气压（即以大气压为基准零值时）所测量到的一种压力，因此称它为相对压力或表压力。另一种是以绝对真空为基准零值时所测得的压力，我们称它为绝对压力。当绝对压力低于大气压时，习惯上称为出现真空。因此，某点的绝对压力比大气压小的那部分数值称为该点的真空度。所以有

$$真空度=大气压力-绝对压力 \tag{1-8}$$

例如某点的绝对压力为 $4.052 \times 10^4\mathrm{Pa}$（0.4 大气压），则该点的真空度为 $6.078 \times 10^4\mathrm{Pa}$（1-0.4=0.6 大气压）。

有关表压力、绝对压力和真空度的关系如图 1-8 所示。

如不特别指明，液压、气压传动中所提到的压力均为表压力。

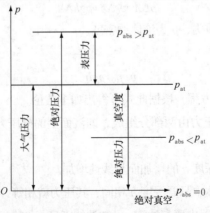

图1-8　绝对压力、相对压力和真空度的关系

4．帕斯卡原理

对于密封容器内的静止液体，当边界上的压力 p_0 发生变化时，例如增加 Δp，则容器内任意一点的压力将增加同一数值 Δp。也就是说，在密封容器内施加于静止液体任一点的压力可以等值传到液体内部各点。这就是帕斯卡原理或静压传递原理。根据帕斯卡原理和静压力的特性可知，液压传动不仅可以进行力的传递，而且还能将力放大和改变力的方向。

如图 1-9 所示（容器内压力方向垂直于内表面），容器内的液体各点压力为

$$p = \frac{W}{A_2} = \frac{F}{A_1} \tag{1-9}$$

根据式（1-9）可知，如果垂直液压缸的大活塞上没有负载，即 $W=0$，则当略去活塞重量及其他阻力时，不论怎样推动小活塞也不能在液体中形成压力。这就说明了一个很重要的液压性质，即在液压传动中，负载决定工作压力，而与流入的流体多少无关。

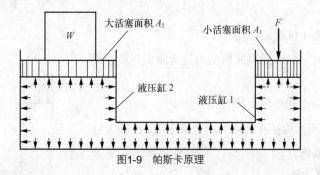

图1-9　帕斯卡原理

二、液体动力学基础

1．基本概念

（1）理想液体和实际液体　一般把既无黏性又不可压缩的假想液体称为理想液体，那么既有黏性又可以压缩的液体就是实际液体。

（2）稳定流动和非稳定流动　液体流动时，若液体中任意一点处的压力、流速和密度不随时间变化而变化，则称为稳定流动；反之，若液体中任意一点的压力、流速或密度中有一个参数随时间变化而变化，则称为非稳定流动。

（3）过流断面（通流截面）　液体在管道内流动时垂直于液体流动方向的截面称为过流断面或通流截面。

（4）流量和流速　单位时间内流过某一过流断面的流体的体积称为流量。用 Q 表示，其国际单位为 m^3/s，常用单位为 L/min，它们之间的关系为 $1m^3/s = 6 \times 10^4 L/min$。

流过过流断面的流量与其面积之比，称为过流断面处的平均流速，用 v 表示。

（5）层流和湍流　液体流动时有两种基本状态：层流和湍流。液体的流动状态可以通过雷诺实验装置来观察。液体在管道内流动时，如果是层流，则其能量损失较小；如果是湍流，则其能量损失较大。所以为了减少液体流动时的能量损失，液压系统在设计时，应尽量使液体在管道内流动时

处于层流的状态。液体流动时的两种流态用雷诺数 Re 来判断。Re < Re$_{临}$ 时，为层流；Re > Re$_{临}$ 时，为湍流。

2. 连续性方程

质量守恒是自然界的客观规律，不可压缩液体的流动过程也遵守质量守恒定律。对稳流而言，液体以稳流流动通过管内任一截面的液体质量必然相等。

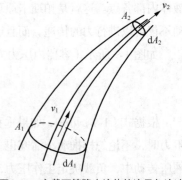

如图 1-10 所示，管内两个流通截面面积分别为 A_1 和 A_2，流速分别为 v_1 和 v_2（单位 m/s），则通过任一截面的流量 Q 为

$$Q=Av=A_1v_1=\cdots=A_nv_n=常量 \qquad (1-10)$$

式中，v_1，v_2 分别是流管过流断面 A_1 及 A_2 上的平均流速。

图1-10   变截面管路中液体的流量与流速

式（1-10）即为连续性方程，根据此方程还可以得出以下几个重要的基本概念。

（1）任一过流断面上的流量相等。

（2）当流量一定时，任一过流断面上的过流面积与流速成反比。

（3）任一过流断面上的平均流速为：$v=Q/A$。

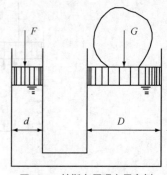

【例1-2】图 1-11 所示为相互连通的两个液压缸，已知大缸内径 $D=80$ mm，小缸内径 $d=20$ mm，大活塞上放一质量为 5 000 kg 的物体，其重力为 G。

（1）问在小活塞上所加的力 F 有多大时才能使大活塞顶起重物？

图1-11   帕斯卡原理应用实例

（2）若小活塞下压速度为 0.2 m/s，求大活塞上升速度是多少？

解：（1）物体的重力为

$$G=mg=5\,000 \times 9.8=49\,000N$$

根据帕斯卡原理，因为外力产生的压力在两缸中均相等，即：

$$F=\frac{d^2}{D^2}G=\frac{20^2}{80^2}\times 49\,000=3062.5N$$

（2）由连续性方程 $Q=Av=$ 常数，得：

$$\frac{\pi d^2}{4}v_小=\frac{\pi D^2}{4}v_大$$

故大活塞上升速度为

$$v_大=\frac{d^2}{D^2}v_小=\frac{20^2}{80^2}\times 0.2=0.0125（m/s）$$

3. 伯努利方程

（1）理想液体的伯努利方程   在没有黏性和不可压缩的稳流中，液体具有 3 种形式的能量，动能、位能、压力能。依据能量守恒定律可得：

$$\frac{1}{2}mv_1^2 + mgh_1 + mg\frac{p_1}{\rho g} = \frac{1}{2}mv_2^2 + mgh_2 + mg\frac{p_2}{\rho g} \qquad (1\text{-}11)$$

得出单位质量液体的伯努利方程：

$$\frac{v_1^2}{2} + gh_1 + \frac{p_1}{\rho} = \frac{v_2^2}{2} + gh_2 + \frac{p_2}{\rho} \qquad (1\text{-}12)$$

式中：p 表示压力（单位为 Pa）；ρ 表示密度（单位为 kg/m^3）；v 表示流速（单位为 m/s）；g 表示重力加速度（单位为 m/s^2）；h 表示水位高度（单位为 m）。

伯努利方程说明：在密闭管道内流动的液体具有压力能、动能、位能 3 种能量，流动时它们可以互相转换，不计能量损失时，总和为一定值。

（2）实际液体的伯努利方程 如图 1-12 所示，在有黏性和不可压缩的稳流中，按伯努利方程得：

$$\frac{p_1}{\rho} + \frac{\alpha_1 v_1^2}{2} + gh_1 = \frac{p_2}{\rho} + \frac{\alpha_2 v_2^2}{2} + gh_2 + gh_\omega \qquad (1\text{-}13)$$

式中：α_1、α_2 为动能修正系数，层流时取 2，湍流时取 1；gh_ω 表示因黏性而产生的能量损失。

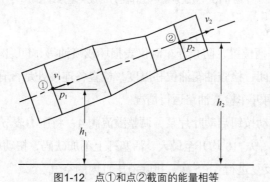

图1-12 点①和点②截面的能量相等

观察与实践

液压系统工作压力的形成实验

1. 实验目的

通过加载实验，研究液压缸和液压泵工作压力形成的原理，加深对"容积式液压传动中，工作压力决定于外界负载，即决定于油液运动时受到的阻力"这一结论的理解；分析液压系统中的负载体现在哪些方面，进而理解"液压系统中工作压力是由有效工作压力和压力损失（无效工作压力）组成的"这句话的含义。

2. 实验设备及液压系统原理

本实验在 QCS002 液压教学实验台进行，本实验部分的液压系统原理图如图 1-13 所示。

3. 实验准备工作

（1）预习实验指导书，熟悉实验台的液压系统原理图及各手柄、按钮的位置和功能。

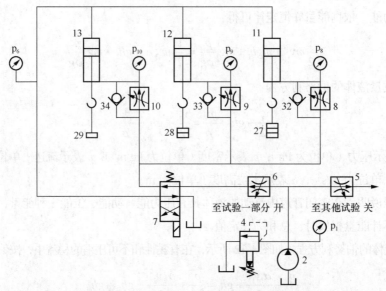

2—定量液压泵；4—溢流阀；5、6—调速阀；7—二位四通电磁换向阀；8、9、10—调速阀；
11、12、13—液压缸；27、28、29—砝码；32、33、34—单向阀。

图1-13　液压系统中工作压力形成实验原理图

（2）检查油路运行情况。

① 开车前应检查各手柄位置，防止开车时仪表损坏或喷油等，即启动液压泵前应将溢流阀 4 手柄松开，调速阀 5、6 关闭，检查油箱油位和温度，检查各连接处是否有松动和漏油现象。若有，应加以排除。检查正常后再开车检查油路运行情况。

② 接通总电源，按启动按钮启动叶片泵，调整溢流阀 4，将压力表 p_1 示数调至 1.5MPa，慢慢打开调速阀 6，将调速阀 8、9、10 均开至最大，活塞杆上不加砝码，扭动电磁阀 7 的控制开关，使活塞上下运动到端盖处，反复进行 3～5 次，排除液压缸内的空气。

4．实验步骤

（1）液压泵输出压力形成液压泵输出压力取决于外界负载。我们用调节溢流阀的溢流阻力来模拟外界负载变化。注意手调溢流阀旋钮、眼看压力表的示值、耳听液压泵声音，仔细分辨三者的联动关系。

① 将溢流阀 4 手柄松开。

② 启动液压泵电机，关闭调速阀 5、6，此时液压泵输出油液全部通过溢流阀 4 流向油箱。

③ 慢慢拧紧溢流阀 4 的旋钮，观察 p_1 指示压力，并使之逐渐升高，最高可调至泵的额定压力 6.3 MPa。

④ 将 p_1 调回至 2 MPa。

（2）观察液压缸所受摩擦阻力对液压缸工作压力的影响。

① 选择液压缸 11 作为试验缸，关闭调速阀 9、10。

② 将液压缸 11 下端盖处的密封调节螺母松开后再轻轻拧紧。

③ 操作电磁阀 7，使液压缸 11 活塞向上运动，记录压力表 p_8 指示的数值。

④ 多次慢慢地拧紧密封调节螺母，重复步骤②和步骤③。

⑤ 将液压缸 11 密封调节螺母松开后再轻轻拧紧。

（3）液压缸中工作压力的形成　液压缸中的工作压力取决于液压缸所受的有效负载和无效负载之和。我们用砝码模拟有效负载，无效负载包括油液流动阻力和各种机械阻力。

① 电磁阀 7 通、断电，调整调速阀 6 和节流阀 8、9、10，使各液压缸活塞往复运动的速度较低，能及时清楚地读出各压力表指示的数值。

② 测出各缸活塞空载上升时各压力表指示的数值，填入实验报告内。

③ 各缸均加 2 块砝码时，测出各缸活塞杆上升时各压力表的数值，填入实验报告内。

④ 11、12、13 缸分别加入 1、2、3 块砝码时，测出各缸活塞杆上升时各压力表指示的数值，填入实验报告内，观察并记录各缸动作的顺序。

⑤ 测试完后，松开溢流阀 4，关闭调速阀 6，使各缸处于开车前位置。

5. 实验数据报告

加载状态	表 压	p_1	p_6	p_8	p_9	p_{10}	顺序动作
空载时	密封圈很紧						
	密封圈较紧						
	密封圈较松						
加载砝码	均加 2 块						
	11 缸加 1 块						
	12 缸加 2 块						
	13 缸加 3 块						

6. 思考题

（1）当外载荷等于零时，为何液压缸工作时的压力不等于零？此时应如何理解"压力决定于负载"这句话的含义，这时的"负载"你可以想到哪一些？

（2）在本实验的多缸并联系统中，负载不同时，为何会出现有先后顺序的动作？负载相同时，为何也会出现有先后顺序的动作？

（3）在活塞运动的开始阶段，运动中和运动停止后的工作压力值不同（开始较高；然后下降，稳定在某一值；运动停止后，工作压力为系统调整压力），如何用"压力决定于负载"的概念分析上述现象？

思考与练习

（1）静压力的特性是什么？静压力传递原理是什么？

（2）压力有哪几种表示方法？

（3）图示连通器中装有水和另一种液体。已知水的密度 $\rho_{水}=1\times10^3\text{kg/m}^3$，$h_1$=60 cm，$h_2$=75 cm，求另一种液体的密度 ρ_1。

（4）已知：图 1-15 中小活塞的面积 A_1=10 cm²，大活塞的面积 A_2=100 cm²，管道的截面积 A_3=2cm²。试计算：①若使 W=10×10⁴N 的重物抬起，在小活塞上施加的力 F 应为多大？②当小活塞以 v_1=1m/min 的速度向下移动时，求大活塞上升的速度 v_2 和管道中液体的流速 v_3。

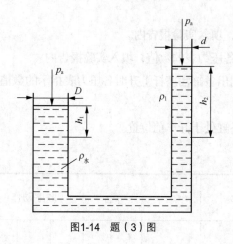 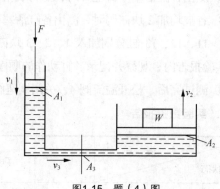

图1-14　题（3）图　　　　　　　　　　图1-15　题（4）图

了解液体流经小孔的流量及流动时的损失

【知识目标】

（1）掌握液体流经小孔的流量情况。

（2）掌握液体流动时的损失及产生损失原因和减少损失的方法。

（3）掌握产生液压冲击、空穴现象的原因。

【能力目标】

（1）能合理对液压系统进行布局，尽量减少压力损失。

（2）能采取正确措施，减少液压冲击和空穴现象。

一、小孔流量

小孔可分为 3 种：当小孔的长径比 $l/d\leqslant0.5$ 时，称为薄壁小孔；当 $0.5<l/d\leqslant4$ 时，称为短孔；当 $l/d>4$ 时，称为细长孔。

1. 薄壁小孔

如图 1-16 所示，其流量 Q 为

$$Q = C_q A \sqrt{\frac{2(p_1 - p_2)}{\rho}} \qquad (1\text{-}14)$$

式中：C_q 表示流量系数，完全收缩时其值取为 0.62～0.63，不完全收缩时其值取为 0.7～0.8；A 为过流小孔的截面面积；p_1 和 p_2 为孔前后压力。

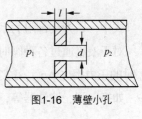

图1-16 薄壁小孔

2. 细长孔

如图 1-17 所示，流量 Q 为

$$Q = \frac{\pi d^4 g(p_1 - p_2)}{128 \rho v l} \qquad (1\text{-}15)$$

式中，v 表示运动黏度。

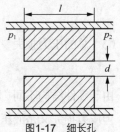

图1-17 细长孔

3. 流量通用公式

分析各种孔、管的流量流量公式，可以归纳出一个通用公式为

$$Q = KA\Delta p^m \qquad (1\text{-}16)$$

式中：K 为孔口系数，由孔的形状、尺寸和液体性质决定；A 为过流小孔的截面面积；Δp 为小孔两端的压力差；m 为长径比指数，薄壁孔为 0.5，细长孔为 1，短孔为 0.5～1。

分析流量通式可知，不论哪种小孔，通过的流量与小孔的过流截面面积 A 成正比，改变 A 即可改变通过的流量。这就是节流阀的工作原理。

还可以看到，在流量不变情况下，改变 A 的同时，小孔两端的压力差 Δp 也会同向变化。这说明可以通过改变过流流截面面积 A 调节压力。这就是压力控制阀的工作原理。

二、液体流动中的压力和流量损失

1. 压力损失

由于液体具有黏性，在管路中流动时不可避免地存在着摩擦力，因此液体在流动过程中必然要损耗一部分能量。这部分能量损耗主要表现为压力损失。压力损失有沿程损失和局部损失两种。

（1）沿程损失　沿程损失是当液体在直径不变的直管中流过一段距离时，因摩擦而产生的压力损失。其损失可用达西公式确定。

$$\Delta p = \lambda \frac{l}{d} \frac{\rho v^2}{2} \qquad (1\text{-}17)$$

式中：Δp_λ 为沿程压力损失（单位为 Pa）；l 为管路长度（单位为 m）；v 为液流的速度（单位为 m/s）；d 为管路内径（单位为 m）；ρ 为液体的密度（单位为 kg/m³）；λ 为沿程阻力系数。

（2）局部损失　局部损失是由于管子截面形状突然变化、液流方向改变或其他形式的液流阻力而引起的压力损失。其损失可以由经验公式求得。

$$\Delta p_\zeta = \zeta \frac{\rho v^2}{2} \qquad (1\text{-}18)$$

式中，ζ 为局部阻力系数。

对于液流通过各种阀时的局部压力损失，可在阀的产品样本中直接查得，或查得其在额定流量 Q_n 时的压力损失 Δp_n。若实际通过阀的流量 Q 不是额定流量，且压力损失又是与流量有关的阀类元件，如换向阀、滤油器等，可按下式计算求得其压力损失。

$$\Delta p_{阀} = \Delta p_n (\frac{Q}{Q_n})^2 \qquad (1\text{-}19)$$

（3）总的压力损失　总的压力损失等于沿程损失与局部损失之和。

$$\Delta p = \sum \Delta p_\lambda + \sum \Delta p_\zeta + \sum \Delta p_{阀} \qquad (1\text{-}20)$$

由于零件结构不同（尺寸的偏差与表面粗糙度不同），要准确地计算出总的压力损失是比较困难的。但压力损失又是液压传动中一个必须考虑的因素，它关系到确定系统所需的供油压力和系统工作时的温升，所以，生产实践中总是希望压力损失尽可能小些。

由于压力损失的必然存在性，泵的额定压力应略大于系统工作时所需的最大工作压力。一般可将系统工作所需的最大工作压力乘以一个值为 1.3～1.5 的系数 K_p 来进行估算。

2. 流量损失

在液压系统中，各液压元件都有相对运动的表面，如液压缸内表面和活塞外表面。因为要有相对运动，所以它们之间都有一定的间隙。如果间隙的一边为高压油，另一边为低压油，那么高压油就会经间隙流向低压区，从而造成泄漏。同时，由于液压元件密封不完善，一部分油液也会向外部泄漏。这种泄漏会造成实际流量的减少，这就是我们所说的流量损失。

流量损失影响运动速度，而泄漏又难以绝对避免，所以在液压系统中泵的额定流量要略大于系统工作时所需的最大流量。通常也可以用系统工作所需的最大流量乘以一个值为 1.1～1.3 的系数 K_Q 来进行估算。

三、液压冲击和空穴现象

1. 液压冲击

在液压系统中，当油路突然关闭或换向时，会产生急剧的压力升高，这种现象被称为液压冲击。

造成液压冲击的主要原因是：液流速度的急剧变化、高速运动工作部件的惯性力和某些液压元件的反应动作不够灵敏。

当导管内的油液以某一速度运动时，若在某一瞬间迅速截断油液流动的通道（如关闭阀门），则油液的流速将从某一数值在某一瞬间突然降至零，此时油液流动的动能将转化为油液挤压能，从而使压力急剧升高，造成液压冲击。高速运动的工作部件的惯性力也会引起系统中的压力冲击。

产生液压冲击时，系统中的压力瞬间就要比正常压力大好几倍，特别是在压力高、流量大的情况下，极易引起系统的振动、噪声，甚至会导致导管或某些液压元件的损坏。这样既影响了系统的工作质量，又会缩短系统的使用寿命。还应注意的是，由于压力冲击产生的高压力，可能会使某些液压元件（如压力继电器）产生误动作而损坏设备。

避免液压冲击的主要办法是避免液流速度的急剧变化。延缓速度变化的时间，能有效地防止液压冲击，如将液动换向阀和电磁换向阀联用可减少液压冲击。这是因为液动换向阀能把换向时间控制得慢一些。

2. 空穴现象

液压系统工作压力较高，高压会使油液溶解空气的能力加大。在液流中当某点压力低于液体所在温度下的空气分离压力时，原来溶于液体中的气体会分离出来而产生气泡，这就叫空穴现象。当压力进一步减小，直至低于液体的饱和蒸汽压时，液体就会迅速汽化形成大量蒸汽气泡，使空穴现象更为严重，从而使液流呈不连续状态。

如果液压系统中发生了空穴现象，液体中的气泡随着液流运动到压力较高的区域时，一方面，气泡在较高压力作用下将迅速被压破，从而引起局部液压冲击，造成噪声和振动；另一方面，由于气泡破坏了液流的连续性，降低了油管的通流能力，造成流量和压力的波动，使液压元件承受冲击载荷，因此影响了其使用寿命。同时，气泡中的氧也会腐蚀金属元件的表面。我们把这种因发生空穴现象而造成的腐蚀称为气蚀。

在液压传动装置中，气蚀现象可能发生在油泵、管路以及其他具有节流装置的地方，特别是油泵装置中这种现象最为常见。

为了减少气蚀现象，应使液压系统内所有点的压力均高于液压油的空气分离压力。例如，应注意油泵的吸油高度不能太大，吸油管径不能太小（因为管径过小就会使流速过快，从而使压力降得过低），油泵的转速不要太高，管路应密封良好，油管出口应没入油面以下等。总之，应避免流速的剧烈变化和外界空气的混入。

气蚀现象是液压系统产生各种故障的原因之一，特别在高速、高压的液压设备中更应注意这一点。

观察与实践

观察液体流过不同液阻的情况。

思考与练习

（1）管路中的压力损失有哪几种？对压力损失影响最大的因素是什么？

（2）如何避免液压冲击、减少空穴现象？

综合训练

一、填空题

1. 液压传动是利用_____系统中的_____液体作为工作介质传递运动和动力的一种

传动方式。

2. 液压泵是利用密闭容积由小变大时，其内压力＿＿＿＿＿＿，密闭容积由大变小时，其内压力＿＿＿＿＿＿的原理来而吸油和压油的。

3. 液压系统由＿＿＿＿＿、＿＿＿＿＿、＿＿＿＿＿、＿＿＿＿＿和＿＿＿＿＿5 部分组成。

4. 液压泵是将原动机输入的＿＿＿＿＿转变为液体的＿＿＿＿＿的能量转换装置。它的功用是向液压系统＿＿＿＿＿。

5. 液压缸和液压马达是将液体的压力能转变为＿＿＿＿＿＿＿＿＿＿的能量转换装置。

6. 各种液压阀用以控制液压系统中液体的＿＿＿＿＿、＿＿＿＿＿和＿＿＿＿＿等，以保证执行机构完成预定的工作运动。

7. 液体流动时，＿＿＿＿＿＿＿＿＿＿＿＿＿＿＿＿的性质，称为液体的黏性，液体黏性用＿＿＿＿＿表示。

8. 液体的动力黏度 μ 与其密度 ρ 的比值称为＿＿＿＿＿，用符号＿＿＿＿表示，其国际单位为＿＿＿＿＿，常用单位为＿＿＿＿＿，两种单位之间的关系是＿＿＿＿＿＿＿＿＿＿＿。

9. 液体受压力作用而发生体积变化的性质，称为液体的＿＿＿＿＿＿＿＿。在＿＿＿＿＿＿＿＿时，应考虑液体的可压缩性。

10. N32 机械油在 40℃时，其运动黏度的平均值为＿＿＿＿＿ m^2/s；而在 20℃时，其值增大为＿＿＿＿＿ m^2/s；在 70℃时，其值降低至＿＿＿＿＿ m^2/s。

11. 当液压系统的工作压力高，环境温度高或运动件速度较慢时，为了减少泄漏，宜选用黏度较＿＿＿＿＿的液压油；当工作压力低，环境温度低或运动件的速度较快时，为了减小功率损失，宜采用黏度较＿＿＿＿＿的液压油。

12. 液压系统的工作压力决定于＿＿＿＿＿＿＿＿＿。

13. 在密闭系统中，由外力作用所产生的压力可＿＿＿＿＿＿＿＿＿＿＿＿＿，这就是静压力传递原理。

二、判断题

1. 液压传动系统因其工作压力很高，因而其最突出的特点是：结构紧凑，能输出很大的力或转矩。（　）

2. 液压传动装置工作平稳，能方便地实现无级调速，但不能快速启动、制动和频繁换向。（　）

3. 液压传动能保证严格的传动比。（　）

4. 液压传动与机械、电气传动相配合，能很方便地实现复杂的自动工作循环。（　）

5. 液体的可压缩性比钢的可压缩性大 10～15 倍。（　）

6. 当压力大于 10 MPa 或压力变化较大时，则需要考虑压力对黏性的影响。（　）

7. 液压系统的工作压力数值是指其绝对压力值。（　）

8. 液压系统的压力表显示的数值是指其相对压力值。（　）

9. 液压元件不要轻易拆卸，如必须拆卸时，应将清洗后的零件放在干净地方。在重新装配时要防止金属屑、棉纱等杂物进入元件内。（　）

10. 作用于活塞的推力越大，活塞运动的速度就越快。 （ ）

11. 在一般情况下，液压系统中由液体自重引起的压力差，可忽略不计。 （ ）

12. 液压系统工作时，液压阀突然关闭或运动部件迅速制动，常会引起液压冲击。 （ ）

13. 液体在变径管中流动时，其管道截面积越小，则流速越高，而压力越小。 （ ）

三、计算题

液压泵安装如图 1-18 所示，已知泵的输出流量 Q=25 L/min，吸油管道内径 d=25 mm，泵的吸油口距油箱液面的高度 H=0.4 m，插入深度 h=0.2 m，若油的运动黏度为 20 cSt，滤油器阻力 Δp=0.01MPa，试计算液压泵吸油口处的真空度。

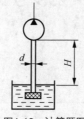

图1-18 计算题图

Chapter 2

项目二

| 液压动力元件 |

液压动力元件起着向系统提供动力的作用，是系统不可缺少的核心元件。液压泵是液压系统的动力元件，为系统提供具有一定流量和压力的液压油。液压泵将原动机输出的机械能转换为工作液体的压力能，再以压力、流量的形式输入到系统中去。它是液压系统的心脏，是一种能量转换装置。

 **任务一** 初识液压泵

【知识目标】

（1）掌握液压泵的工作原理及其正常工作的条件。

（2）掌握液压泵的参数及其计算方法。

【能力目标】

（1）能理解液压泵的工作原理。

（2）能正确进行液压泵的参数计算。

（3）能通过铭牌了解液压泵的性能参数。

一、液压泵工作原理

液压系统使用的液压泵都是容积式泵。它是依靠密封容积周期性变化来工作的。

图 2-1 所示为液压泵的工作原理图。泵体 3 和柱塞 2 构成一个密封容积，偏心轮 1 由原动机带动旋转。当偏心轮 1 由图示位置向顺时针旋转半周时，柱塞在弹簧 6 的作用下向下移动，密封容积逐渐增大，形成局部真空，油箱内的油液在大气压作用下，顶开单向阀 4 进入密封腔中，实现吸油；当偏心轮 1 继续旋转半周时，它推动柱塞 2 向上移动，密封容积逐渐减小，油液受柱塞 2 挤压而产生压力，使单向阀 4 关闭，油液顶开单向阀 5 而输入系统，这就是压油。容积式泵的流量大小取决于密封工作腔容积变化的大小和次数。若不计泄漏，则流量与压力无关。

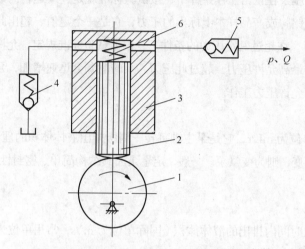

1—偏心轮；2—柱塞；3—泵体；4、5—单向阀；6—弹簧。

图2-1 液压泵的工作原理图

由此得出如下结论。

（1）液压泵输出的流量取决于密封工作腔容积变化的大小。

（2）泵输出压力取决于油液从工作腔排出时所遇到的阻力。

二、液压泵的分类

液压泵的分类方式很多，它可按压力的大小分为低压泵、中压泵和高压泵；也可按流量是否可调节分为定量泵和变量泵；还可按泵的结构分为齿轮泵、叶片泵、柱塞泵和螺杆泵，其中，齿轮泵和叶片泵多用于中、低压系统，柱塞泵多用于高压系统。各类液压泵的职能符号如图 2-2 所示。

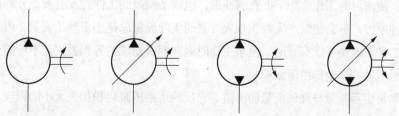

（a）单向定量液压泵　　（b）单向变量液压泵　　（c）双向定量液压泵　　（d）双向变量液压泵

图2-2 液压泵的职能符号

三、液压泵的主要性能参数

1. 压力

（1）工作压力　液压泵实际工作时的输出压力称为液压泵的工作压力，它是一个变化值。工作压力取决于外负载的大小和排油管路上的压力损失，而与液压泵的流量无关。

（2）额定压力　液压泵在正常工作条件下，按试验标准规定连续运转的最高压力称为液压泵的额定压力。即在液压泵铭牌或产品样本上标出的压力，它是一个定值。超出此值即为过载。

（3）最高允许压力　在超过额定压力的条件下，根据试验标准规定，允许液压泵短暂运行的最高压力值称为液压泵的最高允许压力。超过此压力，泵的泄漏会迅速增加，泵的工作情况会迅速恶化。故不允许超过最高允许压力工作。

2. 排量

排量用 V 表示，单位为 mL/r，它是泵主轴每转一周所排出液体体积的理论值。如泵排量固定，则为定量泵；如排量可变，则为变量泵。一般，定量泵因其结构简单、密封性较好、泄漏小等特点，在高压时效率也较高。

3. 流量

流量为液压泵单位时间内排出的液体体积（国际单位为 m³/s，常用单位为 L/min），分为理论流量 Q_{th} 和实际流量 Q_{ac} 两种。其中

$$Q_{th}=Vn \tag{2-1}$$

式中：V 为泵的排量；n 为泵的转速（单位为 r/s）。而

$$Q_{ac}=Q_{th}-\Delta Q \tag{2-2}$$

式中，ΔQ 为泵运转时，油从高压区泄漏到低压区的泄漏损失。

4. 容积效率和机械效率

液压泵工作时存在两种损失，一是容积损失，二是机械损失。

（1）造成容积损失的主要原因如下。

① 容积式液压泵的吸油腔和排油腔内虽然被隔开，但运动件间总是存在一定的间隙，因此泵内高压区内的油液通过间隙必然要泄漏到低压区。油液黏度愈低，压力愈高时，泄漏愈大。

② 液压泵在吸油过程中，由于吸油阻力太大、油液黏度太大或泵轴转速太高等原因都会造成泵的吸空现象，使密封的工作容积不能充满油液，也就是说泵的工作腔没有被充分利用。

上述两种原因，都会使泵产生容积损失，泵的实际流量总是小于理论流量。但是，只要泵的设计合理，第 2 种原因是可以克服的；但泵工作时因泄漏所造成的容积损失是不可避免的，即泵的容积损失可以近似地看作全部由泄漏造成。

容积效率是实际流量与理论流量的比值。它反映了液压泵容积损失大小的程度。液压泵的容积效率 η_v 的计算公式为

$$\eta_v = \frac{Q_{ac}}{Q_{th}} \tag{2-3}$$

式中，Q_{th} 为泵的理论输出流量，Q_{ac} 为泵的实际输出流量。

（2）造成机械损失的主要原因如下。

① 液压泵工作时，各相对运动件，如轴承与轴之间、轴与密封件之间、叶片与泵体内壁之间有机械摩擦，从而产生摩擦阻力损失。这种损失与液压泵输出压力有关。输出压力愈高，则摩擦阻力愈大，损失愈大。

② 油液在泵内流动时，由于液体的黏性而产生的粘滞阻力，也会造成机械损失。这种损失与油液的黏度、泵的转速有关，油液黏度越大、泵的转速越高，则机械损失越大。

由于上述两种原因的存在，要求泵的实际输入扭矩应大于理论上需要的扭矩。

机械效率是理论输入扭矩与实际输入扭矩的比值。液压泵的机械效率 η_v 的计算公式为

$$\eta_v = \frac{T_{th}}{T_{ac}} \tag{2-4}$$

式中：T_{th} 为泵的理论输入扭矩；T_{ac} 为泵的实际输入扭矩。

电机输入转矩和转速（角速度），即机械能带动液压泵运动，泵的输出量是液体的压力和流量，即液压能，如不考虑能量转换的损失，则输入功率等于输出功率。

5. 泵的总效率和功率

泵的总效率 η 的计算公式为

$$\eta = \eta_v \eta_m = \frac{P_{ac}}{P_m} \tag{2-5}$$

式中：P_{ac} 为泵实际输出功率；P_m 为电动机输出功率。

泵的功率 P_{ac} 的计算公式为

$$P_{ac} = pQ_{ac} \tag{2-6}$$

式中：p 为泵输出的工作压力；Q_{ac} 为泵的实际输出流量。

【例 2-1】某液压系统，泵的排量 V=10 mL/r，电机转速 n=1 500 r/min，泵的输出压力 p=5 Mpa，泵容积效率 η_v=0.92，总效率 η=0.84，求：（1）泵的理论流量；（2）泵的实际流量；（3）泵的输出功率；（4）驱动电机功率。

解：（1）泵的理论流量为

$$Q_{th} = Vn = 10 \times 1500 = 15\,000 \text{ mL/min} = 15 \text{ L/min}$$

（2）泵的实际流量为

$$Q_{ac} = Q_{th}\eta_v = 15 \times 0.92 = 13.8 \text{ L/min}$$

（3）泵的输出功率为

$$P_{ac} = pQ_{ac} = 5 \times 10^6 \times 13.8 \times 10^{-3} / 60 = 1150 \text{ W} = 1.15 \text{ kW}$$

（4）驱动电机功率为

$$P_m = \frac{P_{ac}}{\eta} = \frac{1.15}{0.84} = 1.37 \text{ kW}$$

观察与实践

液压泵的性能实验

1. 实验目的

本实验测量如下定量叶片泵的特性曲线。

（1）实际流量 Q_{ac} 与工作压力 p 之间的关系，即 Q_{ac}—p 曲线。

（2）容积效率 η_v、总效率 $\eta_{总}$ 与工作压力 p 间的关系即 η_v—p 和 $\eta_{总}$—p 曲线。

（3）输入功率 $P_入$ 与工作压力 p 之间关系，即 $P_入$—p 曲线。

通过以上测量，了解液压泵的静态特性、技术性能。

2. 实验设备及液压系统原理

本实验在 QCS003 液压教学实验台进行，本实验部分的液压系统原理图为图 2-3。

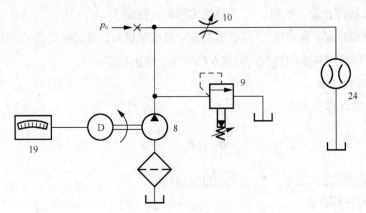

8—定量液压泵；9—溢流阀；10—节流阀；19—功率表；24—流量计。

图2-3　液压泵的性能测试实验液压系统原理图

3. 实验内容及原理

（1）液压泵的流量—压力特性。液压泵因内泄漏产生流量损失。油液黏度越低，工作压力越高，其损失越大。本实验测定液压泵在不同工作压力下的实际流量，得出流量—压力特性曲线。

压力由压力表 p_6 读出，流量由椭圆齿轮流量计示数 ΔV（体积量）和秒表时间 t 计算得出。

① 空载（零压）流量。在实际生产中，泵的理论流量 Q_{th} 并不是按液压泵设计时的几何参数和运动参数计算得到的，通常在额定转速下，以空载时的流量 $Q_空$ 代替 Q_{th}。本实验以节液阀 10 的开口为最大的情况下测出泵的流量为空载流量。

② 额定流量。泵工作在额定压力和额定转速的情况下，测出的流量为额定流量 $Q_额$，本实验由节流阀 10 进行加载调节工作压力。

③ 不同压力下的实际流量 Q_{ac}。不同的压力由节流阀 10 调定，用流量计 24 测出相应压力 p 下的流量 Q_{ac} 为

$$Q_{ac} = \frac{\Delta V}{t}$$

（2）液压泵的容积效率 η_v 的计算公式为

$$\eta_v = \frac{Q_{ac}}{Q_{th}} \approx \frac{Q_{ac}}{Q_{空}}$$

式中，$Q_{额}$ 和 $Q_{空}$ 分别为额定转速下的额定流量和空载流量。

利用上述方法测出不同压力 p 下的实际流量 Q_{ac}，即可计算出不同压力下的 η_v，记录好数据，再作出 η_v — η 曲线。

（3）液压泵的总效率 $\eta_{总}$ 的计算公式为

$$\eta_{总} = \frac{P_{出}}{P_{入}} = \eta_m \eta_v$$

输入功率 $P_{入}$ 用电功率表间接测出。功率表指示的数值 $P_{表}$ 为电机的输入功率，再根据该电动机的功率曲线，查出功率为 $P_{表}$ 时的电机效率 $\eta_{电}$，则此时电机的输出功率也就是液压泵的输入功率 $P_{入} = P_{表} \cdot \eta_{电}$。

图 2-4 所示为 JQ$_2$-22-4 型电动机效率 $\eta_{电}$ 曲线图，可求得总效率 $\eta_{总}$ 为

$$\eta_{总} = \frac{P_{出}}{P_{入}} = \frac{pQ_{ac}}{60P_{表}\eta_{电}}$$

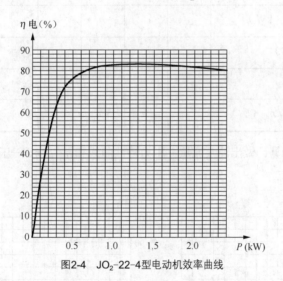

图2-4　JO$_2$-22-4型电动机效率曲线

4. 实验步骤

（1）将各电磁阀置于"0"位，溢流阀 9 的弹簧放松，节流阀 10 关闭，压力表开关 12 置于 p$_6$ 位置。

（2）启动油泵 8，将溢流阀 9 调节为安全阀。逐渐调高溢流阀 9 的压力，使压力 p$_6$ 高于泵（YB-6.3 型）的额定压力——安全阀压力 7.5 MPa。

（3）将节流阀 10 完全打开，使 p$_6$ 的压力为零，测出在零压时的空载流量 $Q_{空}$。

（4）调节节流阀 10，使 p$_6$ 的压力从零开始，以 1 Mpa 的间隔，逐渐上升到 6.3 MPa，分别记下对应的功率表读数 $P_{表}$ 并测量实际流量 Q_{ac}。

（5）关闭实验台，将测得的实验数据交指导教师审阅。

5. 实验数据报告

实验数据记录：　　　　　　　　　　　　　　　　　实验油温：＿＿＿＿℃

测算内容 \ 序号	1	2	3	4	5	6	7	8
1　泵的压力 p（MPa）								
2　泵输出的液容积变化量 ΔV（L）								
3　对应 ΔV 所需时间 t（s）								
4　泵流量 $Q=\Delta V/t\times 60$（L/min）								
5　泵的输出功率 $P_出$（kW）								
6　电机输入功率 $P_表$（kW）								
7　对应于 $P_表$ 电机效率 $\eta_电$								
8　泵输入功率 $P_入=P_表\eta_电$（kW）								
9　泵的容积效率 $\eta_容$（%）								
10　泵的总效率 $\eta_总$（%）								
11　泵的机械效率 $\eta_机=\eta_总/\eta_容$（%）								

根据实验数据分析计算，做出油泵流量—压力特性曲线和 $\eta_总$、$\eta_容$—压力特性曲线如下。

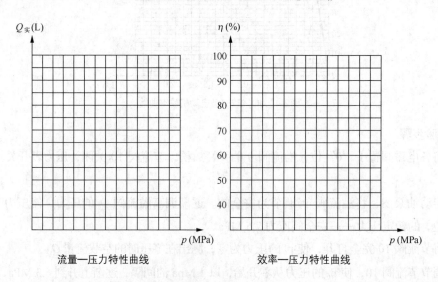

流量—压力特性曲线　　　　效率—压力特性曲线

分析计算，做输入功率—压力特性曲线如下。

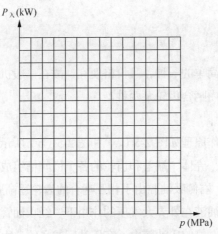

输入功率—压力特性曲线

6. 思考题

（1）实验油路上溢流阀 9 起什么作用？

（2）实验系统中节流阀 10 为什么能够对被试泵进行加载？

（3）从液压泵的效率曲线中可得到什么启示？

思考与练习

（1）液压泵要完成吸油和压油，必须具备的条件是什么？

（2）某一液压泵输出油压 p=10MPa，排量 V=100mL/r，转速 n=1 450 r/min，容积效率 η_v=0.95，总效率 η=0.9，求泵的输出功率和电动机的驱动功率。

（3）某液压泵的作压力为 10 Mpa，实际输出流量为 60 L/min，容积效率为 0.9，机械效率为 0.94，试求：①液压泵的输出功率；②驱动该液压泵的电动机所需功率。

 **常用液压泵的结构原理分析**

【知识目标】

（1）掌握常用液压泵的工作原理。

（2）掌握常用液压泵的结构特点。

【能力目标】

（1）能理解常用液压泵的工作原理，熟悉液压泵的职能符号。

（2）了解常用液压泵的结构。

一、齿轮泵

齿轮泵是液压泵中结构最简单的一种，且价格便宜，故在一般机械上被广泛使用。齿轮泵是定量泵，可分为外啮合齿轮泵和内啮合齿轮泵两种。

1. 外啮合齿轮泵

外啮合齿轮泵的构造和工作原理如图 2-5（a）和图 2-5（b）所示。它由装在壳体内的一对齿轮所组成。齿轮两侧由端盖罩住，壳体、端盖和齿轮的各个齿间槽组成了许多密封工作腔。当齿轮按图 2-5（a）所示的方向旋转时，右侧吸油腔由于相互啮合的齿轮逐渐脱开，密封工作容积逐渐增大，形成部分真空。因此油箱中的油液在外界大气压的作用下，经吸油管进入吸油腔，将齿间槽充满，并随着齿轮旋转，把油液带到左侧的压油腔内。在压油区的一侧，由于齿轮在这里逐渐进入啮合，密封工作腔容积不断减小，油液便被挤出去，从压油腔输送到压油管路中去。这里的啮合点处的齿面接触线一直起着隔离高、低压腔的作用。

外啮合齿轮泵运转时主要泄漏途径有 3 条：一为齿顶与齿轮壳内壁的间隙，二为啮合点处，三为齿端面与两端盖之间的间隙。当压力增加时，前两者基本不会改变，但端盖的挠度大增，此为外啮合齿轮泵泄漏最主要的原因，故外啮合齿轮泵不适合用作高压泵。

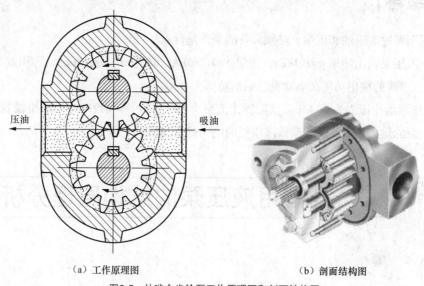

压油　　　　　　　　　　　　　吸油

（a）工作原理图　　　　　　　　　　（b）剖面结构图

图2-5　外啮合齿轮泵工作原理图和剖面结构图

为解决外啮合齿轮泵的内泄漏问题，提高其压力，逐步开发出固定侧板式齿轮泵，其最高压力可达 7～10 MPa；可动侧板式齿轮泵在高压时侧板被向内推向齿轮端面，以减少高压时的内漏，其最高压力可达 14～17 MPa。

液压油在渐开线齿轮泵运转过程中，因齿轮相交处的封闭体积随时间而改变，常有一部分液压油被封闭在齿间，如图 2-6 所示，我们称之为困油现象。因为液压油不可压缩，会使外啮合齿轮泵在运转过程中产生极大的震动和噪声，所以必须在侧板上开设卸荷槽，以防止震动和噪声的发生。

2．内啮合齿轮泵

内啮合齿轮泵有渐开线齿轮泵（见图 2-7）和摆线齿轮泵（又称转子泵）两种。它们的工作原理与外啮合齿轮泵类似如图 2-8 所示。在渐开线齿形的内啮合齿轮泵中，小齿轮为主动轮，并且小齿轮和内齿轮之间要装一块月牙形的隔板，以便把吸油腔和压油腔隔开。

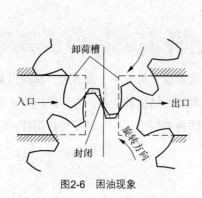

图2-6　困油现象

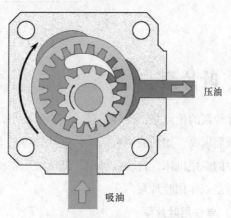

图2-7　内啮合齿轮泵的工作原理图

图 2-8（a）所示为有隔板的内啮合齿轮泵，图 2-8（b）所示为摆动式内啮合齿轮泵，它们共同的特点是：内外齿轮转向相同，齿面间相对速度小，运转时噪声小；齿数相异，绝对不会发生困油现象。因为外齿轮的齿端必须始终与内齿轮的齿面紧贴，以防内漏，所以内啮合齿轮泵不适用于具有较高压力的场合。

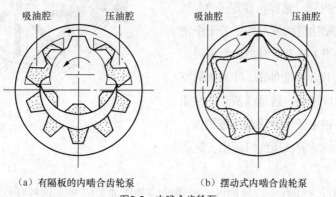

（a）有隔板的内啮合齿轮泵　　　（b）摆动式内啮合齿轮泵

图2-8　内啮合齿轮泵

二、螺杆泵

如图 2-9 所示为螺杆泵。它的液压油沿螺旋方向前进，转轴径向负载各处均相等，脉动少，运动时噪声低，可高速运转，适合作大容量泵；但压缩量小，不适合具有高压的场合。一般用作燃油、润滑油泵、气泵，较少用作液压泵。

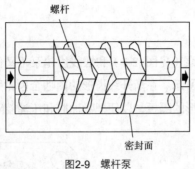

图2-9　螺杆泵

三、叶片泵

叶片泵的优点是：运转平稳、压力脉动小，噪声小、结构紧凑、尺寸小、流量大。其缺点是：对油液要求高，如油液中有杂质，则叶片容易卡死；与齿轮泵相比结构较复杂。它广泛应用于机械制造中的专用机床，自动线等中、低压液压系统中。该泵有两种结构形式：一种是单作用叶片泵，另一种是双作用叶片泵。

1. 单作用叶片泵

单作用叶片泵的工作原理如图 2-10 所示，单作用叶片泵由转子 1、定子 2、叶片 3 和端盖等组成。定子 2 具有圆柱形内表面，定子 2 和转子 1 间存在偏心距 e，叶片 3 装在转子槽中，并可在槽内滑动。当转子 1 回转时，由于离心力的作用，使叶片 3 紧靠在定子内壁。这样，在定子 2、转子 1、叶片 3 和两侧配油盘间就形成了若干个密封的工作空间。当转子 1 按逆时针方向回转时，在图 2-10 的右部，叶片 3 逐渐伸出，叶片间的空间逐渐增大，从吸油口吸油，这是吸油腔。在图 2-10 的左部，叶片 3 被定子内壁逐渐压进槽内，工作空间逐渐缩小，将油液从压油口压出，这就是压油腔。

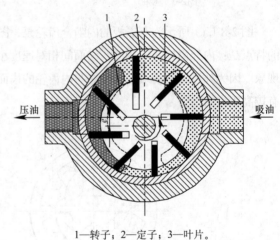

1—转子；2—定子；3—叶片。
图2-10　单作用叶片泵工作原理

在吸油腔和压油腔之间有一段封油区，把吸油腔和压油腔隔开。这种叶片泵每转一周，每个工作腔就完成一次吸油和压油，因此称之为单作用叶片泵。转子 1 不停地旋转，泵就不断地吸油和排油。

改变转子 1 与定子 2 的偏心量，即可改变泵的流量。偏心量越大，流量越大。若将转子 1 与定子 2 调成几乎是同心的，则流量接近于零。因此单作用叶片泵大多为变量泵。

另外还有一种限压式变量泵。当负荷小时，泵输出流量大，执行元件可快速移动；当负荷增加时，泵输出流量变少，输出压力增加，执行元件速度降低。如此可减少能量消耗，避免油温上升。

2. 双作用叶片泵

双作用叶片泵的工作原理如图 2-11 所示。定子内表面近似椭圆，转子 1 和定子 4 同心安装，有 2 个吸油区和 2 个压油区对称布置。转子 1 每转一周，完成 2 次吸油和压油。双作用叶片泵大多是定量泵。叶片泵的结构较齿轮泵复杂，但其工作压力较高，且流量脉动小，工作平稳，噪声较小，寿命较长。所以它被广泛应用于机械制造中的专用机床、自动线等中、低压液压系统中。但其结构复杂，吸油特性不太好，对油液的污染也比较敏感。

图 2-12 所示为叶片泵剖面结构及实物图。

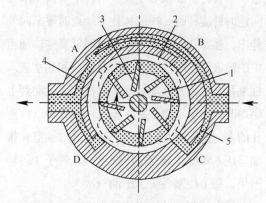

1—转子；2—配油盘；3—叶片；4—定子；5—泵体。

图2-11 双作用叶片泵工作原理

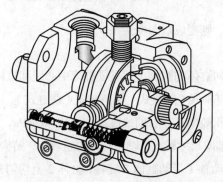

图2-12 叶片泵剖面结构及实物图

还有一种双联叶片泵，它是由 2 套单级叶片泵的转子、定子、叶片和配油盘组装在一个泵体内，由同一根传动轴带动来工作的，它们有一个共同的吸油口和 2 个独立的排油口。低压时 2 个泵同时大量供油，系统可轻载快速运动。高压时大泵通过卸荷阀直通油箱卸荷，减小功率损失，由小泵单独供油，系统重载慢速工作运动。

四、柱塞泵

柱塞泵的工作原理是：通过柱塞在缸体内做往复运动来实现吸油和压油。柱塞泵与叶片泵相比，它能以最小的尺寸和最小的重量供给最大的动力，是一种高效率的泵，但其制造成本相对较高，适用于高压、大流量、大功率的场合。按柱塞的排列和运动方向不同，可将其分为径向柱塞泵和轴向柱塞泵 2 大类。

1. 径向柱塞泵

如图 2-13 所示，径向柱塞泵主要由定子 1、转子 3、配油轴 2、衬套（图中未示出）和柱塞 4 等组成。转子 3 上均匀地分布着几个径向排列的孔，柱塞 4 可在孔中自由地滑动。配油轴 2 把衬套的内孔分隔为上下 2 个分油室，这 2 个分油室分别通过配油轴 2 上的轴向孔与泵的吸、压油口相通。

定子 1 与转子 3 偏心安装。当转子 3 按图示方向逆时针旋转时，柱塞 4 在下半周时逐渐向外伸出，柱塞孔的容积增大形成局部真空，油箱中的油液经过配油轴 2 上的吸油口和油室进入柱塞孔，这就是吸油过程。当柱塞 4 运动到上半周时，定子 1 将柱塞 4 压入柱塞孔中，柱塞孔的密封容积变小，孔内的油液通过油室和排油口压入系统，这就是压油过程。转子 3 每转一周，每个柱塞各吸、压油一次。

径向柱塞泵的输出流量由定子 1 与转子 3 间的偏心距决定。若偏心距为可调的，就成为变量泵，图 2-13 所示即为一变量泵。若偏心距的方向改变后，进油口和压油口也随之互相变换，则变成双向变量泵。

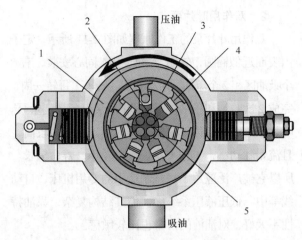

1—定子；2—配油轴；3—转子；4—柱塞；5—轴向孔
图2-13　径向柱塞泵工作原理图

2. 轴向柱塞泵

轴向柱塞泵是将多个柱塞轴向配置在一个共同缸体的圆周上，并使柱塞中心线和缸体中心线平行的一种液压泵。轴向柱塞泵有 2 种结构形式：直轴式（斜盘式）和斜轴式（摆缸式）。轴向柱塞泵的优点是：结构紧凑、径向尺寸小，惯性小，容积效率高，目前最高压力可达 40 MPa，甚至更高，一般用于工程机械、压力机等高压系统中。但其轴向尺寸较大，轴向作用力也较大，结构比较复杂。

如图 2-14 所示，轴向柱塞泵工作过程为：传动轴 1 带动缸体 2 旋转，缸体 2 上均匀分布有奇数个柱塞孔，柱塞孔 6 内装有柱塞 5，柱塞 5 的头部通过滑靴 4 紧压在斜盘 3 上。缸体 2 旋转时，柱塞 5 一面随缸体 2 旋转，并由于斜盘 3（固定不动）的作用，柱塞 5 在孔内做往复运动。当缸体 2 从图示的最下方位置向上转动时，柱塞 5 向外伸出，柱塞孔 6 的密封容积增大，形成局部真空，油箱中的油液被吸入柱塞孔 6，这就是吸油过程；当缸体 2 带动柱塞 5 从图示最上方位置向下转动时，柱塞 5 被压入柱塞孔 6，柱塞孔 6 内密封容积减小，孔内油液被挤出，这就是压油过程。缸体 2 每旋转一周，每个柱塞孔都完成一次吸油和压油的过程。

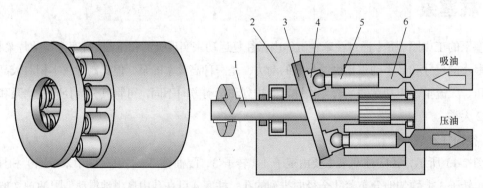

1—传动轴；2—缸体；3—斜盘；4—滑靴；5—柱塞；6—柱塞孔。
图2-14　轴向柱塞泵工作原理图

（1）直轴式（斜盘式）轴向柱塞泵。图 2-15 所示为直轴式轴向柱塞泵工作原理及实物图。直轴式轴向柱塞泵是靠斜盘推动活塞产生往复运动，进而改变缸体柱塞腔内容积，进行吸油和排油的。它的传动轴中心线和缸体中心线重合，柱塞轴线和主轴平行。通过改变斜盘的倾角大小或倾角方向，就可改变液压泵的排量或改变吸油和压油的方向，成为双向变量泵。

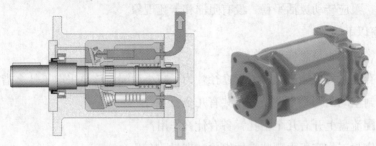

图2-15 直轴式轴向柱塞泵工作原理及实物图

（2）斜轴式轴向柱塞泵。图 2-16 所示为斜轴式轴向柱塞泵工作原理及实物图。斜轴式轴向柱塞泵的传动轴线与缸体的轴线相交所示为一个夹角。柱塞通过连杆与主轴盘铰接，并由连杆的强制作用使柱塞产生往复运动，从而使柱塞腔的密封容积变化而输出液压油。这种柱塞泵变量范围大，且泵的强度大；但结构较复杂，外形尺寸和重量都较大。

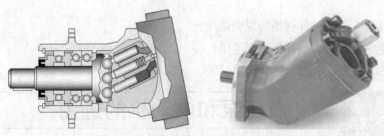

图2-16 斜轴式轴向柱塞泵工作原理及实物图

观察与实践

液压泵的拆装。

1. 实践目的

掌握液压泵结构、性能、特点和工作原理。

2. 实践任务

拆装、分析齿轮泵、叶片泵、柱塞泵。

3. 实践内容

（1）记录各液压泵的名称、型号、规格、基本参数。

（2）参照结构原理图拆卸齿轮泵、叶片泵、柱塞泵，并清洗干净。

（3）指出拆下的各零件的名称，观察、分析各主要零件的结构、作用，分析各类液压泵的工作原理。

（4）装配液压泵。拆装注意事项如下。

① 拆装中，应注意用铜棒敲打零部件，以免损坏部件和轴承。

② 拆卸过程中，遇到元件卡住的情况时，不能硬砸乱敲。

③ 装配前，零件应清洗干净。装配时，要遵循"先拆的后装，后拆的先装"的原则，合理安装。

④ 安装完后，泵应转动灵活平稳，没有阻滞和卡死现象。

（5）思考回答以下问题。

① 齿轮泵的密封容积是怎样形成的？

② 齿轮泵中存在几种可能产生泄漏的途径？为了减小泄漏，该泵采取了什么措施？

③ 叶片泵密封空间由哪些零件组成？共有几个？

④ 叶片泵的配流盘上开有几个槽孔？各有什么作用？

⑤ 柱塞泵的密封工作容积由哪些零件组成？密封腔有几个？

⑥ 柱塞泵是如何实现配流的？

⑦ 柱塞泵的配流盘上开有几个槽孔？各有什么作用？

⑧ 柱塞泵的手动变量机构由哪些零件组成？如何调节泵的流量？

思考与练习

（1）在齿轮泵中，开困油卸荷槽的原则是什么？

（2）为什么齿轮泵通常只能作低压泵使用？

任务三　液压泵和电动机的选用

【知识目标】

掌握选择液压泵和电动机的原则和方法。

【能力目标】

（1）能正确选择合适的液压泵类型和型号。

（2）能合理选配合适的电动机。

一、液压泵的选用

液压泵是液压系统的核心元件，合理地选择液压泵，并选配合适的电动机，对于保证系统的工作性能、降低能耗、提高效率都十分重要。

选用液压泵的一般顺序是：首先，根据设备的工况、功率大小和对液压系统的性能要求，确定泵的类型；然后，根据系统要求的压力高低、流量大小确定泵的规格型号；最后，根据泵的功率和转速配套选择电动机。

1. 液压泵类型的选用

了解各种常用泵的性能是正确地选用泵的前提，表 2-1 中列举了几种常用类型泵的各种性能，可供选用时参考。

表 2-1　　　　　　　　　　　　几种常用液压泵的性能

类型 项目	外啮合齿轮泵	双作用叶片泵	单作用叶片泵	轴向柱塞泵	螺杆泵
工作压力（MPa）	<20	6.3～21	≤7	20～35	<10
转速（r/min）	500～3 500	500～4 000	500～2 000	750～3 000	500～4 000
排量（cm³）	12～250	5～300	5～160	100～800	4～630
流量调节	不能	不能	能	能	不能
容积效率	0.70～0.95	0.80～0.95	0.80～0.90	0.90～0.98	0.75～0.95
总效率	0.60～0.85	0.75～0.85	0.70～0.85	0.85～0.95	0.70～0.85
流量稳定性	差	好	中	中	很好
噪声	大	小	中	大	很小
价格	最低	中	较高	高	较高
寿命	较短	较长	较短	长	很长
功率/重量	中	中	小	大	中

2. 液压泵规格的选用

选定液压泵的类型后，再根据液压泵所应保证的压力和流量来确定它的具体规格。

液压泵的工作压力是根据执行元件的最大工作压力来确定的。考虑到各种压力损失，泵的最大工作压力 $p_{泵}$ 可按下式确定：

$$p_{泵} \geqslant K_p p_{缸} \qquad (2\text{-}7)$$

式中：$p_{泵}$ 为液压泵所需要提供的压力；K_p 为系统中压力损失系数，一般取 1.3～1.5；$p_{缸}$ 为液压缸中所需的最大工作压力。

液压泵的输出流量取决于系统所需最大流量及泄漏量，即：

$$Q_{泵} \geqslant K_Q Q_{缸} \qquad (2\text{-}8)$$

式中：$Q_{泵}$ 为液压泵所需要输出的流量；K_Q 为系统的泄漏系数，一般取 1.1～1.3；$Q_{缸}$ 为液压缸所需提供的最大流量。

若液压系统为多液压缸同时动作，$Q_{泵}$ 应为同时动作的几个液压缸所需的最大流量之和。

在 $p_{泵}$、$Q_{泵}$ 求出以后，就可具体选择液压泵的规格，选择时应使实际选用泵的额定压力大于所

求出的 $p_泵$ 值，通常可放大 25%。泵的额定流量一般选择略大于或等于所求出的 $Q_泵$ 值即可。

二、电动机参数的选择

液压泵是由电动机驱动的，可根据液压泵的功率计算出电动机所需的功率，再考虑液压泵的转速，然后从电动机样本中合理地选定标准的电动机。

驱动液压泵所需的电动机功率可按下式确定：

$$P_m = \frac{p_泵 \times Q_泵}{\eta} \tag{2-9}$$

式中：P_m 为电动机所需的功率；$p_泵$ 为泵所需的最大工作压力；$Q_泵$ 为泵所需输出的最大流量；η 为泵的总效率。

【例 2-2】已知某液压系统工作时，活塞上所受的外载荷为 $F=9\,720\,N$，活塞有效工作面积为 $A=0.008\,m^2$，活塞运动速度为 $v=0.04\,m/s$，问应选择额定压力和额定流量为多大的液压泵？驱动它的电机功率应为多大？

解：首先确定液压缸中最大工作压力 $p_缸$ 为

$$p_缸 = \frac{F}{A} = 12.15 \times 10^5 = 1.215\,\text{MPa}$$

选择 $K_p=1.3$，计算液压泵所需最大压力为

$$p_泵 = K_p p_缸 = 1.3 \times 1.215 = 1.58\,\text{MPa}$$

再根据运动速度计算液压缸中所需的最大流量为

$$Q_缸 = vA = 0.04 \times 0.008 = 3.2 \times 10^{-4}\,m^3/s$$

选取 $K_Q=1.1$，计算泵所需的最大流量为

$$Q_泵 = k_Q Q_缸 = 1.1 \times 3.2 \times 10^{-4} = 3.52 \times 10^{-4}\,m^3/s = 21.12\,L/min$$

查液压泵的样本资料，选择 CB-B25 型齿轮泵。该泵的额定流量为 25 L/min，略大于 $Q_泵$；该泵的额定压力为 25 kgf/cm（约为 2.5 MPa），大于泵所需要提供的最大压力。

查得泵的总效率 $\eta=0.7$，则驱动泵的电动机功率为

$$P_m = \frac{p_泵 Q_泵}{\eta} = \frac{1.58 \times 10^6 \times 25 \times 10^{-3}}{60 \times 0.7} = 940\,\text{W} = 0.94\,\text{kW}$$

在上式中，计算电机功率时用的是泵的额定流量，而没有用计算出来的泵的流量，这是因为所选择的齿轮泵是定量泵的缘故，定量泵的流量是不能调节的。

观察与实践

总结分析各类液压泵的应用场合。

思考与练习

（1）液压泵的的选用原则是什么？

（2）某液压泵的额定转速为 950 r/min，排量 V=168 mL/r，在额定压力为 29.5 MPa 和同样转速下，测得的实际流量为 150 L/min，额定工作情况下的总效率为 0.87，求：

① 泵的理论流量；

② 泵的容积效率和机械效率；

③ 泵在额定工作情况下，所需的电机驱动功率。

综合训练

一、填空题

1. 常用的液压泵有_____、_____、_____和_____。

2. 齿轮泵有_____和_____两种；叶片泵有_____和_____两种；柱塞泵有_____和_____两种。

3. 液压泵的额定压力是_____最高工作压力，超出此值就是_____。

4. 液压泵的排量是指_____，用_____表示，常用单位是_____。

5. 液压泵的理论体积流量 Q_{th} 等于其_____和_____的乘积，即 Q_{th}=_____。

6. 机械功率 P=_____，液压功率 P=_____。

7. 液压泵的总效率 η 等于其_____和_____的乘积，即 η=_____。

8. 齿轮泵由于_____和_____两处泄漏较大，故压力不易提高。

9. 变量叶片泵依靠_____来改变泵的输油量大小。

10. 直轴斜盘式轴向柱塞泵，若改变_____，就能改变泵的排量，若改变_____，就能改变泵的吸压油方向，它是一种双向变量泵。它适用于压力_____以上各类液压系统中。

二、选择题

1. 在没有泄漏的情况下，根据泵的几何尺寸大小计算得到的流量称为_____；泵在规定转速和额定压力下输出的流量称为_____；泵在某工作压力下实际排出的流量称为_____。

    A. 实际流量　　　　　B. 额定流量　　　　　C. 理论流量

2. 限制齿轮泵压力提高的主要因素是_____。

    A. 流量脉动　　　　　B. 困油现象　　　　　C. 泄漏大　　　　D. 径向力不平衡

3. 外啮合齿轮泵有 3 条途径泄漏，其中_____对容积效率的影响最大。

    A. 齿顶圆与壳体的径向间隙

B. 齿轮端面与测盖板的轴向间隙

    C. 啮合点的泄漏

三、简答题

1. 什么是泵的排量、理论流量和实际流量？

2. 什么是泵的工作压力、额定压力和最高工作压力？

四、计算题

1. 液压泵铭牌上标有转速 $n=1\,450$ r/min，额定流量 $Q=60$ L/min，额定压力 $p=8$ MPa，泵的总效率 $\eta=0.8$，试求该泵应选配的电机功率。

2. 某一液压泵输出油压 $p=10$ MPa，排量 $V=20$ mL/r，转速 $n=960$ r/min，容积效率 $\eta_v=0.95$，总效率 $\eta=0.8$，求泵的输出功率和驱动泵的电机功率。

Chapter 3

项目三

液压执行元件及辅助元件

　　液压缸和液压马达都是执行元件，它们是将液压能转换成机械能的一种能量转换装置。它们的区别是：液压马达将液压能转换成连续回转的机械能，输出转矩与转速；而液压缸则将液压能转换成能进行直线运动（或往复直线运动）的机械能，输出推力（或拉力）与直线运动速度。还有一种摆动电机，它介于两者之间，用来实现往复摆动，输出转矩与和角速度。

　　液压系统中的辅助元件，如蓄能器、滤油器、油箱、热交换器、管件等，对系统的动态性能、工作稳定性、工作寿命、噪声和温升等都有直接影响，必须予以重视。其中油箱可以选用成品或根据系统要求自行设计，其他辅助元件则做成标准件，供设计时选用。

认识液压缸

【知识目标】

（1）掌握单杆活塞缸、双杆活塞缸、柱塞缸的工作原理和结构特点。

（2）掌握液压缸的速度和推力的计算。

【能力目标】

（1）能根据液压缸的特点区分各类液压缸。

（2）能根据不同的工作环境选择合适的液压缸。

一、液压缸的工作原理和类型

1. 液压缸的工作原理

液压缸是液压传动系统的执行元件之一。它是将油液的压力能转换为机械能，实现往复直线运动或摆动的能量转换装置。

液压缸的工作原理如图 3-1 所示。液压缸缸体固定时，液压油从 A 口进入，作用在活塞上，产生一推力 F，通过活塞杆以克服负荷 W。活塞以速度 v 向前推进，同时将活塞杆侧内的液压油通过 B 口流回油箱。相反，若高压油从 B 口进入，则活塞后退。若采用液压缸的杆固定方式，则运动方向正好相反。

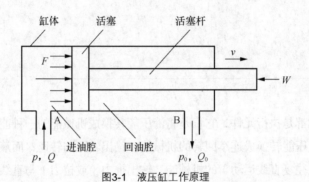

图3-1　液压缸工作原理

2. 液压缸分类

液压缸按结构形式不同，可分为活塞式、柱塞式、摆动式等类型。

液压缸按安装固定方式不同，可分为缸固定和杆固定 2 种。

液压缸按运动方向不同，可分为单作用式液压缸和双作用式液压缸 2 类：单作用式液压缸又可分为无弹簧式、附弹簧式、柱塞式 3 种，如图 3-2 所示；双作用式液压缸又可分为单杆式、双杆式两种，如图 3-3 所示。

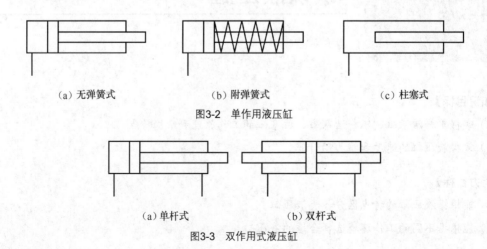

（a）无弹簧式　　　　　　　（b）附弹簧式　　　　　　　（c）柱塞式

图3-2　单作用液压缸

（a）单杆式　　　　　　　（b）双杆式

图3-3　双作用式液压缸

二、液压缸结构

图 3-4 所示为一个较常用的双作用单活塞杆液压缸。它是由缸底 20、缸筒 10、缸盖兼导向套 9、活塞 11 和活塞杆 18 组成的一端。缸筒 10 与缸底 20 焊接，另一端，缸盖（导向套）与缸筒 10 用卡键 6、套 5 和弹簧挡圈 4 固定，以便拆装检修，两端设有油口 A 和 B。活塞 11 与活塞杆 18 利用卡键 15、卡键帽 16 和弹簧挡圈 17 连在一起。活塞与缸孔的密封采用的是一对 Y 形聚氨酯密封圈 12，由于活塞与缸孔有一定间隙，采用由尼龙 1010 制成的耐磨环（又叫支承环）13 定心导向。活塞杆 18 和活塞 11 的内孔由密封圈 14 密封。较长的导向套 9 则可保证活塞杆 18 不偏离中心。导向套 9 外径由 O 形圈 7 密封，而其内孔则分别由 Y 形密封圈 8 和防尘圈 3 密封，以防止油外漏和灰尘带入缸内。通过缸与杆端的销孔与外部连接，销孔内有尼龙衬套抗磨。

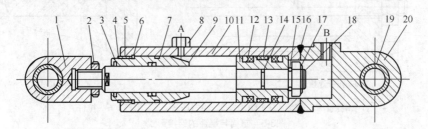

1—耳环；2—螺母；3—防尘圈；4、17—弹簧挡圈；5—套；6、15—卡键；
7、14—O 形密封圈；8、12—Y 形密封圈；9—缸盖兼导向套；10—缸筒；
11—活塞；13—耐磨环；16—卡键帽；18—活塞杆；19—衬套；20—缸底。
图3-4　双作用单活塞杆液压缸

三、液压缸的组成

从上述的液压缸典型结构中可以看到，液压缸的结构基本上可以分为缸筒和缸盖、活塞和活塞杆、密封装置、缓冲装置和排气装置 5 个部分，分述如下。

1. 缸筒和缸盖

如图 3-5 所示，液压缸缸筒与端盖的连接方式很多，其结构形式和使用的材料有关，一般，在工作压力 $p < 10$ MPa 时，使用铸铁；在 10 MPa $< p < 20$ MPa 时，使用无缝钢管；在 $p > 20$ MPa 时，结构较大，使用铸钢或锻钢。

图 3-5（a）所示为法兰连接式，这种结构容易加工和装拆，其缺点是外形尺寸和重量都较大，常用于铸铁制的缸筒上。

图 3-5（b）所示为螺纹连接式，它的重量较轻，外形较小，但端部结构复杂，装卸要用专门工具，常用于无缝钢管或铸钢制作的缸筒上。

图 3-5（c）所示为半环连接式，它结构简单，易装卸，但它的缸筒壁因开了环形槽而削弱了强度，为此有时要加厚缸壁，常用于无缝钢管或锻钢制的缸筒上。

图 3-5（d）所示为拉杆连接式，缸筒易加工和装拆，结构通用性大，重量较重，外形尺寸较大，

主要用于较短的液压缸。

图 3-5（e）所示为焊接连接式，其结构简单，尺寸小，但缸筒有可能因焊接变形，且缸底内径不易加工。

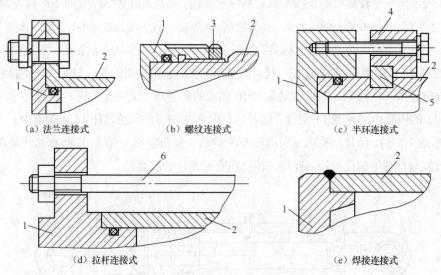

（a）法兰连接式　　　　　（b）螺纹连接式　　　　　　（c）半环连接式

（d）拉杆连接式　　　　　　　　　　　　　（e）焊接连接式

1—端盖；2—缸筒；3—防松螺母；4—压环；5—半环；6—拉杆。

图3-5　缸筒与端盖的连接形式

2. 活塞与活塞杆

短行程的液压缸可以把活塞杆与活塞做成一体，这是最简单的形式。但当行程较长时，这种整体式活塞组件的加工较困难。所以常把活塞与活塞杆分开制造，然后再连接成一体。

图 3-6 所示为几种常见的活塞与活塞杆的连接形式。

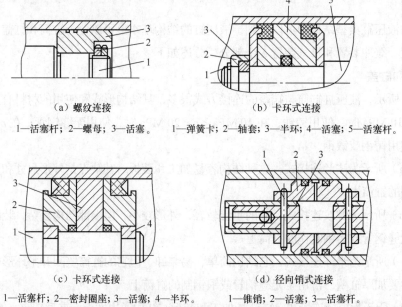

（a）螺纹连接　　　　　　　　　　　　　（b）卡环式连接

1—活塞杆；2—螺母；3—活塞。　　　1—弹簧卡；2—轴套；3—半环；4—活塞；5—活塞杆。

（c）卡环式连接　　　　　　　　　　　　（d）径向销式连接

1—活塞杆；2—密封圈座；3—活塞；4—半环。　　　1—锥销；2—活塞；3—活塞杆。

图3-6　常见的活塞组件结构形式

图 3-6（a）所示为活塞与活塞杆之间采用螺纹连接。螺纹连接结构简单，安装方便，但要注意防松可靠性。它适用于负载较小，受力无冲击的液压缸中。图 3-6（b）和图 3-6（c）所示为卡环式连接方式。图 3-6（b）中活塞杆 5 上开有一个环形槽，槽内装有 2 个半圆环 3 以夹紧活塞 4。半环 3 由轴套 2 套住，而轴套 2 的轴向位置用弹簧卡圈 1 来固定。图 3-6（c）中的活塞杆，使用了 2 个半圆环 4，它们分别由 2 个密封圈座 2 套住。半圆形的活塞 3 安放在密封圈座的中间。图 3-6（d）所示是一种径向销式连接结构，用锥销 1 把活塞 2 固连在活塞杆 3 上。这种连接方式特别适用于双出杆式活塞。

3. 密封装置

液压缸中常见的密封装置如图 3-7 所示。图 3-7（a）所示为间隙密封，它依靠运动间的微小间隙来防止泄漏。为了提高这种装置的密封能力，常在活塞的表面上制出几条细小的环形槽，以增大油液通过间隙时的阻力。它的结构简单，摩擦阻力小，可耐高温，但泄漏大，对加工要求高，磨损后无法恢复原有能力，只有在尺寸较小、压力较低、相对运动速度较高的缸筒和活塞间使用。图 3-7（b）所示为摩擦环密封，它依靠套在活塞上的摩擦环（尼龙或其他高分子材料制成）在 O 形密封圈弹力作用下贴紧缸壁而防止泄漏。这种材料效果较好，摩擦阻力较小且稳定，可耐高温，磨损后有自动补偿能力，但对加工要求高，装拆较不便，适用于缸筒和活塞之间的密封。图 3-7（c）、图 3-7（d）所示为密封圈（O 形圈、V 形圈等）密封，它利用橡胶或塑料的弹性使各种截面的环形圈紧贴在静、动配合面之间来防止泄漏。它结构简单，制造方便，磨损后有自动补偿能力，性能可靠，在缸筒和活塞之间、缸盖和活塞杆之间、活塞和活塞杆之间、缸筒和缸盖之间都能使用。

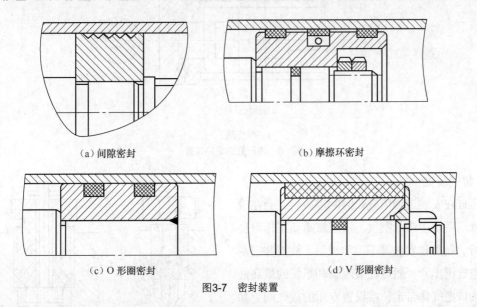

（a）间隙密封　　　　　　　　　　　　　　（b）摩擦环密封

（c）O 形圈密封　　　　　　　　　　　　　（d）V 形圈密封

图 3-7 密封装置

对于活塞杆外伸部分来说，由于它很容易把脏物带入液压缸，使油液受污染，使密封件磨损，因此常需在活塞杆密封处安装防尘圈。防尘圈的唇口朝外。

4. 缓冲装置

液压缸一般都设置缓冲装置，特别是对于大型、高速或要求高的液压缸，为了防止活塞在行程终点时和缸盖相互撞击，引起噪声、冲击，则必须设置缓冲装置。

　　缓冲装置的工作原理是：利用活塞或缸筒在其走向行程终端时封住活塞和缸盖之间的部分油液，强迫油液从小孔或细缝中挤出，以产生很大的阻力，使工作部件受到制动，逐渐减慢运动速度，达到避免活塞和缸盖相互撞击的目的。

　　如图 3-8（a）所示，当缓冲柱塞进入与其相配的缸盖上的内孔时，孔中的液压油只能通过间隙 δ 排出，使活塞速度降低。由于配合间隙不变，故随着活塞运动速度的降低，起到缓冲作用。如图 3-8（b）所示，当缓冲柱塞进入配合孔之后，油腔中的油只能经节流阀 1 排出。由于节流阀 1 是可调的，因此缓冲作用也可调节，但仍不能解决速度降低后缓冲作用减弱的缺点。如图 3-8（c）所示，在缓冲柱塞上开有三角槽，随着柱塞逐渐进入配合孔中，其节流面积越来越小，解决了在行程最后阶段缓冲作用过弱的问题。

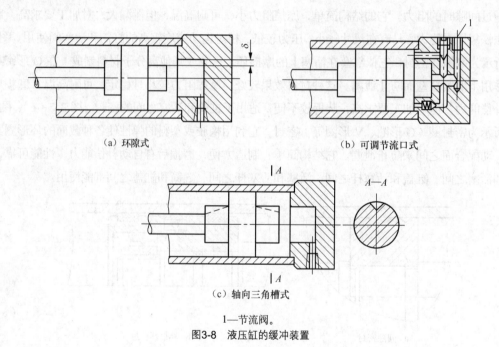

（a）环隙式　　　　　　　　　　　　（b）可调节流口式

（c）轴向三角槽式

1—节流阀。

图3-8　液压缸的缓冲装置

5. 排气装置

　　液压缸在安装过程中或长时间停放后，会在液压缸和管道系统中渗入空气。液压缸重新工作时会出现爬行、噪声和发热等不正常现象，故需要把系统中的空气排出。一般可在液压缸和系统的最高处设置出油口把气体带走，或设置专用的放气阀，如图 3-9 所示。

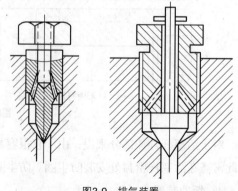

图3-9　排气装置

四、液压缸的参数计算

若忽略泄漏，则液压缸的速度和流量关系如下：

$$Q = vA \qquad\qquad (3\text{-}1)$$

$$v = \frac{Q}{A} \qquad\qquad (3\text{-}2)$$

式中：Q 为液压缸的输入流量；A 为液压缸活塞上的有效工作面积；v 为活塞的移动速度。

通常，活塞上的有效工作面积是固定的。由式（3-2）可知，活塞的速度取决于输入液压缸的流量。由式（3-2）还可看出，速度和负载无关。

推力 F 是将压力为 p 的液压油作用在有效工作面积为 A 的活塞上，以平衡负载 W。若液压缸的回油接油箱，则背压 $p_0=0$，故有：

$$F = W = pA \qquad\qquad (3\text{-}3)$$

式中：p 为液压缸的工作压力（单位为 Pa）；A 为液压缸活塞上的有效工作面积（单位为 m^2）。推力 F 可看成是液压缸的理论推力，因为活塞的有效面积固定，故压力取决于总负载。

1. 双活塞杆液压缸

图 3-10 所示为双活塞杆液压缸。其活塞的两侧都有伸出杆。当两活塞杆直径相同，缸两腔的供油压力和流量都相等时，缸体（或活塞）两个方向的运动速度和推力也都相等。因此，这种液压缸常用于要求往复运动速度和负载相同的场合，如磨床。

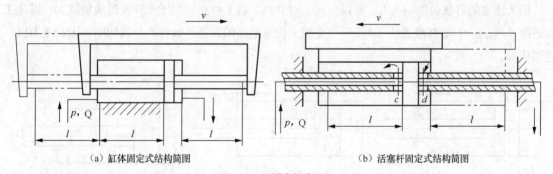

（a）缸体固定式结构简图　　　　　　　（b）活塞杆固定式结构简图

图3-10　双活塞杆液压缸

图 3-10（a）所示为缸体固定式结构简图。当缸的左腔进压力油，右腔回油时，活塞带动工作台向右移动；反之，右腔进压力油，左腔回油时，活塞带动工作台向左移动。工作台的运动范围略大于液压缸有效行程的 3 倍，一般用于小型设备的液压系统。

图 3-10（b）所示为活塞杆固定式结构简图。液压油经空心活塞杆的中心孔及其活塞处的径向孔 c、d 进出液压缸。当缸的左腔进压力油，右腔回油时，缸体带动工作台向左移动；反之，右腔进压力油，左腔回油时，缸体带动工作台向右移动。工作台的运动范围略大于液压缸有效行程的 2 倍，常用于行程长的大、中型设备的液压系统。

双活塞杆液压缸的速度和推力可按下式计算：

$$v = \frac{Q}{A} = \frac{4Q}{\pi(D^2 - d^2)}$$ （3-4）

$$F = pA = p\frac{\pi}{4}(D^2 - d^2)$$ （3-5）

式中，D 为液压缸的内径，d 为活塞杆的直径。

2. 单活塞杆液压缸

如图 3-11（a）所示，当油液从液压缸左腔（无杆腔，有效工作面积用 A_1 表示）进入时，活塞前进速度 v_1 和产生的推力 F_1 为

$$v_1 = \frac{Q}{A_1} = \frac{4Q}{\pi D^2}$$ （3-6）

$$F_1 = pA_1 = p\frac{\pi D^2}{4}$$ （3-7）

如图 3-11（b）所示，当油液从液压缸右腔（有杆腔，有效工作面积用 A_2 表示）进入时，活塞后退的速度 v_2 和产生的推力 F_2 为

$$v_2 = \frac{Q}{A_2} = \frac{4Q}{\pi(D^2 - d^2)}$$ （3-8）

$$F_2 = pA_2 = p\frac{\pi}{4}(D^2 - d^2)$$ （3-9）

因为活塞的有效面积 $A_1 > A_2$，所以 $v_1 < v_2$，$F_1 > F_2$。以上特点常用于无杆腔进油负载大、慢速工作进给（F_1，v_1），有杆腔进油（F_2，v_2）空载、快速退回的设备，如各类金属切削机床、压力机、注塑机等。

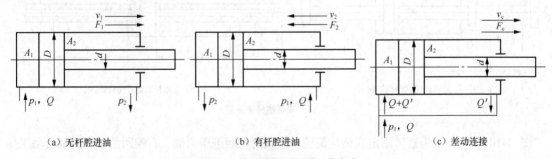

（a）无杆腔进油　　　　　　　　（b）有杆腔进油　　　　　　　　（c）差动连接

图3-11 单杆活塞缸的3种工作方式

图 3-11（c）所示为单杆活塞的另一种连接方式。它把右腔的回油管道和左腔的进油管道接通，这种连接方式称为差动连接。由于无杆腔的面积大，其液压作用力大于有杆腔，所以活塞向右运动，有杆腔排出的油与泵供给的油汇合在一起进入无杆腔。活塞前进的速度 v_3 及推力 F_3 为

$$v_3 = \frac{Q + Q'}{A_1} = \frac{Q + A_2 v_3}{A_1}$$

则有：

$$v_3 = Q / A_3 = \frac{4Q}{\pi d^2} \quad\quad （3\text{-}10）$$

$$F_3 = pA_1 - pA_2 = pA_3 = p\frac{\pi d^2}{4} \quad\quad （3\text{-}11）$$

比较式（3-6）和式（3-10）可知，$v_3 > v_1$，比较式（3-7）和式（3-11）可知，$F_3 < F_1$，这说明在输入流量和工作压力相同的条件下，单杆活塞缸的差动连接推力虽然较小，但速度有所提高。它常用于实现"快进（差动连接）→工进（无杆腔进油）→快退（有杆腔进油）"的工作循环。这时，通常要求"快进"和"快退"速度相等，即 $v_3 = v_2$，由式（3-8）和式（3-10）可以推算出 $A_3 = A_2$，即 $D = \sqrt{2}d$（或 $d = 0.707D$）。

3. 柱塞缸

图 3-12 所示为柱塞缸的结构示意图。它由缸体 1、柱塞 2、导向套 3、密封圈、压盖等零件组成。

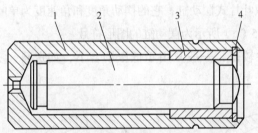

1—缸体；2—柱塞；3—导向套；4—弹簧卡套。

图3-12 柱塞缸结构示意图

柱塞缸在压力油作用下只能产生单向运动，它的回程借助于运动件自身的重力或外力的作用（垂直放置或借助于弹簧力等）。为了得到双向运动，柱塞缸常成对使用，如图 3-13 所示。为减轻重量，防止柱塞水平放置时因自重而下垂，常把柱塞做成空心的（见图 3-14）。

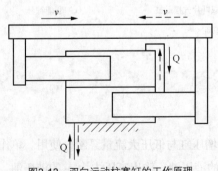

图3-13 双向运动柱塞缸的工作原理

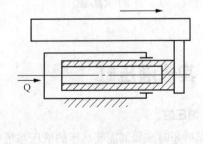

图3-14 柱塞缸示意图

柱塞上的有效作用力 F 为

$$F = pA = p\frac{\pi d^2}{4} \quad\quad （3\text{-}12）$$

柱塞运动速度为

$$v = \frac{Q}{A} = \frac{4Q}{\pi d^2} \tag{3-13}$$

式中，d 为柱塞直径。

4. 摆动缸

摆动式液压缸也称摆动电机。当它通入液压油时，它的主轴输出小于 360° 的摆动运动。

图 3-15（a）所示为单叶片式摆动缸，它的摆动角度较大，可达 300°。当摆动缸进、出油口压力分别为 p_1 和 p_2，输入流量为 Q 时，它的输出转矩 T 和角速度 ω 如下：

$$T = b\int_{R_1}^{R_2}(p_1 - p_2)r\mathrm{d}r = \frac{b}{2}(R_2^2 - R_1^2)(p_1 - p_2) \tag{3-14}$$

$$\omega = 2\pi n = \frac{2Q}{b(R_2^2 - R_1^2)} \tag{3-15}$$

式中，b 为叶片的宽度，R_1，R_2 为叶片底部和顶部的回转半径。

图 3-15（b）所示为双叶片式摆动缸，它的摆动角度和角速度为单叶片式的一半，而输出转矩是单叶片式的 2 倍。图 3-15（c）所示为摆动缸的图形符号。

摆动液压缸的密封性较差，一般只用于低压场合下，如送料、夹紧、工作台回转等辅助动作。

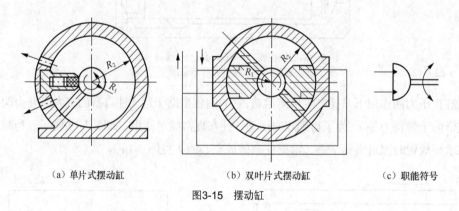

（a）单片式摆动缸   （b）双叶片式摆动缸   （c）职能符号

图3-15   摆动缸

五、其他液压缸

1. 增压缸

在某些短时或局部需要高压的液压系统中，常用增压缸与低压大流量泵配合使用。单作用增压缸的工作原理如图 3-16（a）所示，输入低压力为 p_1 的液压油，输出高压力为 p_2 的液压油，增大的压力关系为

$$p_2 = p_1(\frac{D}{d})^2 \tag{3-16}$$

单作用增压缸不能连续向系统供油。图 3-16（b）所示为双作用式增压缸，可由 2 个高压端连续向系统供油。

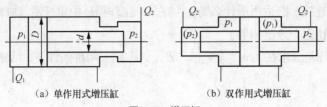

（a）单作用式增压缸　　　　　　（b）双作用式增压缸

图3-16　增压缸

2. 伸缩缸

如图 3-17 所示，伸缩式液压缸由 2 个或多个活塞式液压缸套装而成。前一级活塞缸的活塞是后一级活塞缸的缸筒，可获得很长的工作行程。伸缩缸广泛用于起重运输车辆上。图 3-17（a）所示为单作用式伸缩缸，图 3-17（b）所示为双作用式伸缩缸。

3. 齿轮缸

图 3-18 所示为齿轮缸。它由 2 个柱塞和 1 套齿轮齿条传动装置组成。当液压油推动活塞左右往复运动时，齿条就推动齿轮往复转动，从而由齿轮驱动工作部件作往复旋转运动。

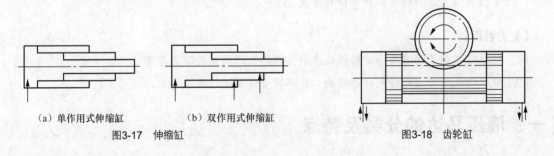

（a）单作用式伸缩缸　　　　（b）双作用式伸缩缸

图3-17　伸缩缸　　　　　　　　　　　　　　　　　　图3-18　齿轮缸

观察与实践

1. 活塞式液压缸的拆装

拆开液压缸，取出各零件，观察分析各主要零件的结构、作用，并思考以下问题

（1）液压缸缸筒与缸盖采用哪种连接方式？

（2）液压缸活塞杆采用哪种结构形式？

（3）液压缸中存在哪些泄漏的途径？为了减小泄漏，该缸采取了什么密封措施？

（4）比较单活塞杆液压缸和双活塞杆液压缸的有效工作面积。

2. 拆装注意事项

（1）拆装中应注意用铜棒敲打零部件，以免损坏零部件。

（2）拆卸过程中，遇到元件卡住的情况是，不能硬砸乱敲。

（3）装配前零件应清洗干净。装配时，要遵循"先拆的后装，后拆的先装"的原则，合理安装。

（4）安装完后应确保活塞运动灵活平稳，没有阻滞和卡死现象。

思考与练习

（1）什么是差动连接？它适用于什么场合？在某一工作循环中单杆活塞缸需要具备什么条件才能保证"快进"与"快退"速度相等？

（2）某一差动液压缸，求在①$v_{快进} = v_{快退}$，②$v_{快进} = 2v_{快退}$两种条件下，活塞面积A_1和活塞杆面积A_3之比。

液压马达的原理结构分析

【知识目标】

（1）掌握液压马达的工作原理和结构特点。

（2）掌握液压马达的特性参数和计算方法。

【能力目标】

（1）能通过铭牌了解液压马达的性能参数，熟悉液压马达的职能符号。

（2）能根据液压马达的特点、不同的工作环境选择合适的液压马达。

一、液压马达的分类及特点

液压马达结构与液压泵基本相同，从原理上讲液压泵可以作为液压马达，反之亦然。当然，由于二者工作要求不同，实际的结构还是有些区别的。

液压马达按其结构类型来分，可以分为齿轮式、叶片式、柱塞式等形式；按液压马达的额定转速来分，可分为高速和低速 2 大类，额定转速高于 500 r/min 的属于高速液压马达，额定转速低于 500 r/min 的属于低速液压马达。高速液压马达的基本形式有齿轮式、螺杆式、叶片式和轴向柱塞式等。高速液压马达的主要特点是转速高、转动惯量小、便于启动和制动等。

通常高速液压马达输出转矩不大（仅几十 N·m 到几百 N·m），所以又称之为高速小转矩电机。

低速液压马达的主要特点是排量大、体积大、转速低（几转甚至零点几 r/min）、输出转矩大（可达几千 N·m 到几万 N·m），所以又称之为低速大转矩液压马达。

1. 齿轮式液压马达（见图 3-19）

齿轮式液压马达结构与齿轮式液压泵类似，比较简单，主要用于高转速、小转矩的场合，也用作笨重物体旋转的传动装置。由于笨重物体的惯性其能够起到飞轮作用，可以补偿旋转的波动性，因此齿轮式液压马达在起重设备中应用比较多。但是齿轮式液压马达输出转矩和转速的脉动性较大，径向力不平衡，在低速及负荷变化时运转的稳定性较差。

图3-19　齿轮式液压马达实物图

2. 叶片式液压马达（见图3-20）

叶片式液压马达是利用作用在转子叶片上的压力差来工作的，其输出转矩与液压马达的排量及进、出油口压力差有关，转速由输入流量决定。叶片式液压马达的叶片一般径向放置，叶片底部应始终通有压力油。

叶片电机的最大的特点是体积小、惯性小，因此动作灵敏，适用于换向频率较高的场合。但是，这种液压马达工作时泄漏较大，机械特性较软，低速工作时不稳定，调速范围也不能太大。所以叶片式液压马达主要适用于高转速、小转矩和要求动作灵敏的场合，也可用于对惯性要求较小的各种随动系统中。

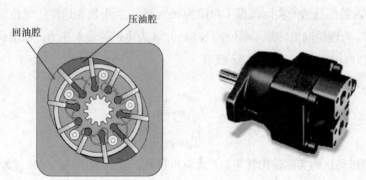

回油腔　压油腔

图3-20　叶片式液压马达工作原理及实物图

3. 柱塞式液压马达（见图3-21）

轴向柱塞式液压马达排量较小，输出转矩不大，是一种高速、小转矩的液压马达。低速液压马达的基本形式是径向柱塞式。

图3-21　柱塞式液压马达实物图

二、液压马达职能符号

液压马达职能符号如图 3-22 所示。

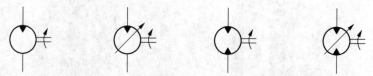

（a）单向定量液压马达　（b）单向变量液压马达　（c）双向定量液压马达　（d）双向变量液压马达

图3-22　液压马达的职能符号

三、液压马达参数计算

从使用角度看，液压马达的参数主要是输出转矩 T、角速度 ω 或转速 n 和效率 η。

液压马达输入的是压力和流量，输出的是转矩和转速，如不计损失，理论上液压马达输入、输出功率相等，所以有如下关系：

$$pQ = T_{th}\omega \tag{3-17}$$

即有：

$$pVn = T_{th}2\pi n \tag{3-18}$$

式中：Q 为输入液压马达的实际流量（单位为 m^3/s）；ω 为电机角速度（单位为 rad/s）；n 为转速（单位为 r/s）；T_{th} 为理论输出转矩（单位为 N·m）；p 为电机的输入压力，如出口压力不为零，p 要用电机的输入压力与电机出口压力差 Δp 代替。

所以得输出扭矩：

$$T_{th} = \frac{\Delta p V}{2\pi} \tag{3-19}$$

$$T_{ac} = \eta_m T_{th} \tag{3-20}$$

式中：T_{ac} 为液压马达的实际输出转矩；V 为电机排量；η_m 为液压马达的机械效率。

电机的输出转速为

$$n = \frac{Q}{V}\eta_v \tag{3-21}$$

式中：n 为电机转速；η_v 为液压马达的容积效率。

电机的输出功率为

$$P_{ac} = 2\pi n T_{ac} \tag{3-22}$$

式中，P_{ac} 为液压马达的输出功率。

观察与实践

1. 液压马达的拆装

拆开液压马达，取出各零件，观察分析各主要零件的结构、作用，并思考以下问题同类型的液压马达与液压泵的结构有何异同?

2. 拆装注意事项

（1）拆装中应注意用铜棒敲打零部件，以免损坏部件和轴承。

（2）拆卸过程中，遇到元件卡住的情况是，不能硬砸乱敲。

（3）装配前零件应清洗干净。装配时，要遵循"先拆的后装，后拆的先装"的原则，合理安装。

（4）安装完后应转动灵活平稳，没有阻滞和卡死现象。

思考与练习

已知某液压马达的排量 V=250 mL/r，液压马达入口压力为 p_1=10.5 MPa，出口压力 p_2=1.0 MPa，其总效率 η=0.9，容积效率 η_v=0.92。当输入流量 Q=22 L/min 时，试求液压马达的实际转速 n 和液压马达的输出转矩 T。

任务三 液压辅助元件的认识

【知识目标】

掌握各类辅助元件的用途及职能符号。

【能力目标】

（1）能根据系统需要选择合适的辅助元件。

（2）能正确进行管路连接。

一、油箱

油箱的主要功能是储存油液，此外，还有散热（以控制油温）、沉淀油中杂质、分离气泡等功能。

油箱容量如果太小，就会使油温上升。油箱容量一般设计为泵每分钟流量的 2~4 倍，要求其为所有管路及元件均充满油，且油面高出滤油器 50~100 mm，而液面高度只占油箱高度的 80%时的油箱容积（油箱的容积为油箱有效容积的 1.25 倍）。

1. 油箱形式

油箱可分为开式和闭式 2 种。开式油箱中油的油液面和大气相通，而闭式油箱中的油液面和大气隔绝。液压系统中多数采用开式油箱。

2. 油箱结构

开式油箱大部分是由钢板焊接而成的。图 3-23 所示为工业上使用的典型焊接式油箱。

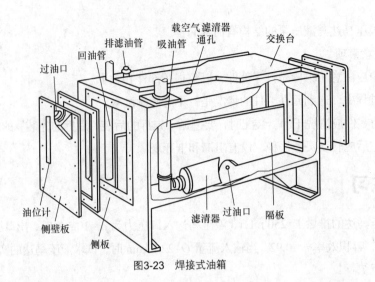

图3-23　焊接式油箱

3. 隔板及配管的安装位置

隔板装在吸油侧和回油侧之间, 如图 3-24 所示, 以起到沉淀杂质、分离气泡及散热的作用。

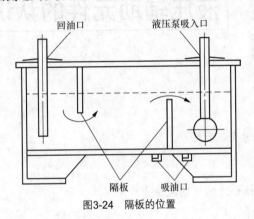

图3-24　隔板的位置

油箱中常见的配油管有回油管、吸油管及泄油管等。

回油管在液面下, 且其末端被切成面向箱壁的 45° 倾角, 以减小回油冲击和气泡。

吸油管的口径应为其余供油管径的 1.5 倍, 以免泵吸入不良, 其末端也被切成 45° 倾角, 以增加吸油口面积。

系统中泄油管应尽量单独接入油箱。各类控制阀的泄油管端部应在液面以上, 以免产生背压; 而泵和电机的泄油管端部应在液面之下, 以免吸入空气。

4. 附设装置

为了监测液面, 油箱侧壁应装油面指示计。为了检测油温, 一般在油箱上装温度计, 且将温度计直接浸入油中。在油箱上亦装有压力计, 可用以指示泵的工作压力。

二、滤油器

液压油中往往含有颗粒状杂质, 会造成液压元件相对运动表面的磨损、滑阀卡滞、节流孔口堵塞，使系统工作可靠性大为降低。在系统中安装一定精度的滤油器，是保证液压系统正常工作的必要手段。

1．工作原理

如图 3-25 所示，油液从进油口进入滤油器，沿滤芯的径向由外向内通过滤芯。油液中的颗粒被滤芯中的过滤层滤除。进入滤芯内部的油液即为洁净的油液。过滤后的油液从滤油器的出油口排出。

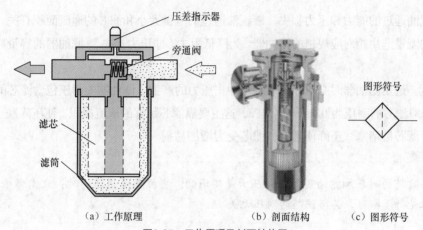

（a）工作原理　　　　　　（b）剖面结构　　　（c）图形符号

图3-25　工作原理及剖面结构图

随着滤油器使用时间的增加，滤芯上积累的杂质颗粒越来越多，滤油器进、出油口压差也会越来越大。进、出油口压差高低通过压差指示器指示。它是用户了解滤芯堵塞情况的重要依据。若滤芯在达到极限压差时还未及时更换，旁通阀便会开启，以防止滤芯破裂。

由于滤油器过滤下来的污染物积聚于进油腔一侧，所以通过滤油器的液流不得反向流动，否则会将污染物再次带入油液，造成油液污染。

2．滤油器的结构

滤油器一般由滤芯（或滤网）和壳体构成。其通流面积由滤芯上无数个微小间隙或小孔构成。当混入油中的污物（杂质）大于微小间隙或小孔时，杂质被阻隔而过滤出来。按滤芯的材料和结构形式，滤油器可分为网式、线隙式、纸质滤芯式、烧结式滤油器及磁性滤油器等。若滤芯使用磁性材料，则可吸附油中能被磁化的铁粉杂质。

滤油器按安装位置可分成液压管路中使用的滤油器和油箱中使用的滤油器 2 种。油箱内部使用的滤油器亦称为滤清器和粗滤器，是用来过滤掉一些太大的（在 0.5mm 以上）、容易造成泵损坏的杂质的。管用滤油器有压力管用滤油器及回油管用滤油器之分，因要承受压力管路中的高压力，所以耐压力问题必须加以考虑。

3．滤油器的选用

选用滤油器时应考虑如下问题。

（1）过滤精度。原则上大于滤芯网目的污染物是不能通过滤芯的。滤油器上的过滤精度常用能被过滤掉的杂质颗粒的公称尺寸大小来表示。系统压力越高，对过滤精度的要求越高。

表 3-1 为液压系统中建议采用的过滤精度。

表 3-1　　　　　　　　　　　　　过滤精度推荐表

系统类别	润滑系统	传动系统			伺服系统
工作压力/MPa	0～2.5	≤14	14 < p < 21	≥21	21
过滤精度/μm	100	25～50	25	10	5

（2）液压油通过的能力和压力损失。液压油通过的流量大小和滤芯的通流面积有关。一般可根据要求通过的流量选用相对应规格的滤油器。为降低阻力（即压力损失），滤油器的容量应为泵流量的 2 倍以上。

（3）耐压。选用滤油器时必须注意系统中冲击压力的产生。滤油器的耐压包含滤芯的耐压和壳体的耐压。一般滤芯的耐压为 0.01～0.1 MPa，这主要靠滤芯足够的通流面积，使压降减小，以避免滤芯被破坏。滤芯被堵塞，压降便增加，滤芯受力增加易损。

　　滤芯的耐压和滤油器的使用压力是不同的。当提高使用压力时，只需考虑壳体是否承受得了即可，其与滤芯的耐压无关。

（4）易于清洗或更换滤芯。

4. 滤油器的安装位置

如图 3-26 所示为液压系统中滤油器的几种可能安装位置。

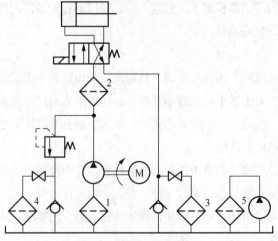

图3-26　滤油器的安装位置

（1）泵入口的吸油粗滤器 1　吸油粗滤器用来保护泵，使其不致吸入较大颗粒的机械杂质。根据泵的要求，可选用粗的或普通精度的滤油器。为了不影响泵的吸油性能，防止发生气穴现象，滤油器的过滤能力应为泵流量的 2 倍以上，压力损失不得超过 0.01～0.035 MPa。

（2）泵出口油路上的高压滤油器 2 这种安装主要用来滤除进入液压系统的污染杂质。它应能承受油路上的工作压力和冲击压力，其压力降应小于 0.35 MPa，并应有堵塞状态发讯装置，图 3-26 中该装置装在溢流阀的下游，可以防泵过载和滤芯损坏。

（3）系统回油路上的低压滤油器 3、4 可滤去油液流入油箱以前的污染物，为液压泵提供清洁的油液。因回油路压力很低，可采用滤芯强度不高的精滤油器。

（4）安装在系统以外的旁路过滤系统 5 大型液压系统可专设一液压泵和滤油器构成的滤油子系统，滤除油液中的杂质，以保护主系统。

> 安装滤油器时，一般滤油器只能单向使用，即进、出口不可互换。

三、空气滤清器

为防止灰尘进入油箱，常在油箱的上方通气孔处安装空气滤清器。有的油箱利用此通气孔当注油口。空气滤油器的通流量应大于液压泵的流量，以便液位下降时及时补充空气。空气滤清器工作原理及图形符号如图 3-27 所示。

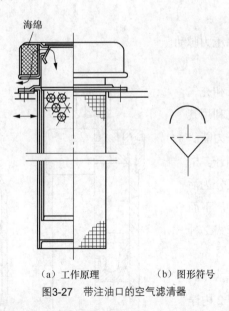

（a）工作原理　　　　　（b）图形符号

图3-27　带注油口的空气滤清器

四、冷却器

液压油的工作温度以 40℃～60℃为宜，最高不得高于 60℃，最低不得低于 15℃。液压系统在运转时必然会有能量损失，能量损失都会转变成热量。这些热量有一小部分由元件或管路等表面散掉了，另外大部分被液压油吸收而使油温上升。油温如超过 60℃，将加速液压油的恶化，促使系统性能下降。如果油箱的表面散热量能够和所产生的热量相平衡，那么油温就不会过高，否则必须加油冷却器来抑制油温的上升。冷却器的形状与图形符号如图 3-28 所示。

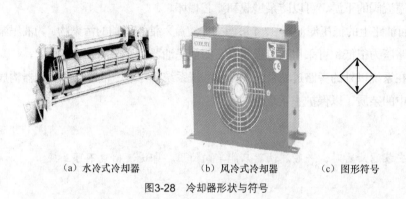

　　（a）水冷式冷却器　　　　　（b）风冷式冷却器　　　　（c）图形符号

图3-28　冷却器形状与符号

五、蓄能器

1. 蓄能器的功用

蓄能器是液压系统中的一种储存油液压力能的装置，其主要功用如下。

（1）作辅助动力源。

（2）保压和补充泄漏。

（3）吸收压力冲击和消除压力脉动。

2. 蓄能器的分类和选用

蓄能器有弹簧式、重锤式和充气式 3 类。常用的是充气式，它利用气体的压缩和膨胀储存、释放压力能。在蓄能器中，气体和油液被隔开。根据隔离的方式不同，充气式又分为活塞式、皮囊式和气瓶式等 3 种。下面主要介绍常用的活塞式和皮囊式 2 种蓄能器。

（1）活塞式蓄能器。图 3-29（a）所示为活塞式蓄能器，用缸筒 2 内浮动的活塞 1 将气体与油液隔开，气体（一般为惰性气体氮气）经充气阀 3 进入上腔，活塞 1 的凹部面向充气阀，以增加气室的容积，蓄能器的下腔油口 a 充液压油。

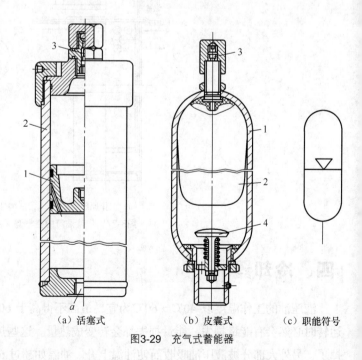

　（a）活塞式　　　　（b）皮囊式　　　（c）职能符号

图3-29　充气式蓄能器

（2）皮囊式蓄能器。图 3-29（b）所示为皮囊式蓄能器，采用耐油橡胶制成的气囊 2 内腔充入一定压力的惰性气体，气囊 2 外部的液压油经壳体 1 底部的限位阀 4 通入，限位阀 4 还保护皮囊不被挤出容器之外。此蓄能器的气、液是完全隔开的，皮囊受压缩储存压力能。其惯性小，动作灵敏，适用于储能和吸收压力冲击，工作压力可达 32 MPa。

图 3-29（c）所示为蓄能器的职能符号。

六、油管与管接头

1. 油管

油管材料可选用金属或橡胶，选用时由耐压、装配的难度来决定。吸油管路和回油管路一般用低压的有缝钢管，也可使用橡胶和塑料软管，但当控制油路中的流量较小时，多用小铜管。考虑配管和工艺方便，在中、低压油路中也常使用铜管。高压油路一般使用冷拔无缝钢管，必要时也采用价格较贵的高压软管。高压软管是在橡胶中间加一层或几层钢丝编织网制成的。高压软管比硬管安装方便，并且可以吸收振动。

在选择管路内径时主要考虑降低流动时的压力损失。对于高压管路，流速通常在 3～4 m/s 范围内；对于吸油管路，考虑泵的吸入和防止气穴，流速通常在 0.6～1.5 m/s 范围内。在装配液压系统时，油管的弯曲半径不能太小，一般应为管道半径的 3～5 倍。应尽量避免小于 90° 弯管，平行或交叉的油管之间应有适当的间隔，并用管夹固定，以防振动和碰撞。

2. 管接头

管接头有焊接接头、卡套式接头、扩口接头、扣压式接头、快速接头等几种形式，如图 3-30 至图 3-34 所示，一般由具体使用需要来决定采用何种连接方式。

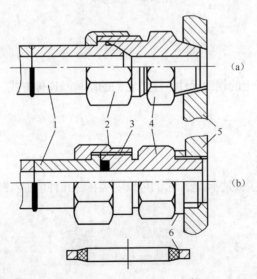

1—接管；2—螺母；3—密封圈；4—接头体；5—本体；6—端面密封圈。

图3-30 焊接式接头

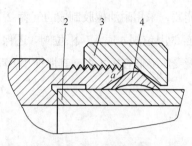

1—接头体；2—管路；3—螺母；4—卡套。

图3-31 卡套式接头

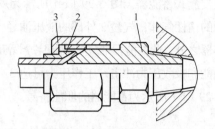

1—接头体；2—管套；3—螺母。

图3-32 扩口管接头

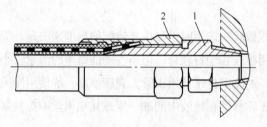

1—接头芯子；2—外套。

图3-33 扣压式胶管接头

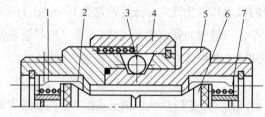

1、7—弹簧；2、6—阀芯；3—卡位钢球；4—接头体；5—快插接头。

图3-34 快速接头

观察与实践

观察实验室里液压设备上的辅助元件，注意它们的结构及连接方式。

思考与练习

（1）蓄能器有哪些功用？

（2）滤油器在选用应注意哪些问题？它们可以安装在哪几种位置？各起什么作用？

综合训练

一、填空题

1. 液压缸按结构特点不同，可分为_____、_____和_____3大类。

2. 单杆活塞缸常用于一个方向_____，另一个方向_____设备的液压系统。例如，各种机床_____、_____的液压系统。

3. 单杆活塞缸差动连接时比其非差动连接同向运动获得的_____、_____。因此，在机床的液压系统中常用其实现运动部件的空行程快进。

4. 柱塞式液压缸只能实现单向运动，其反向行程需借_____或_____完成。在龙门刨床、导轨磨床、大型压力机等行程长的设备中为了得到双向运动，可采用_____。

5. 摆动液压缸常用于_____、_____、_____及工程机械回转机构的液压系统。

6. 增压缸能将_____转变为_____供液压系统中某一支油路使用。

7. 伸缩式液压缸的活塞伸出的顺序是_____，活塞缩回的顺序一般是_____，这种液压缸适用于_____。

8. 铸铁、铸钢和锻钢制造的缸体与端盖多采用_____连接，无缝钢管制作的缸筒端部常采用_____连接或_____，较短的液压缸常采用_____连接。

9. 液压系统中混入空气后会使其工作不稳定，产生_____、_____及_____等现象，因此，液压系统中必须设置排气装置。

10. 叶片式液压马达体积小，转动惯量小，动作灵敏，可频繁换向，一般用于_____、_____和_____的场合。

11. 油箱的组成部分有_____、_____、_____、_____、_____等。

12. 液压泵吸油口常用_____滤油器，其额定流量应为泵最大流量的_____倍。

13. 油箱中油液的温度一般推荐为_____，最高不超过_____，最低不低于_____。

14. 蓄能器有_____、_____、_____3种，其中常用的是_____。

二、简答题

1. 什么是差动连接？它适用于什么场合？在某一工作循环中单杆活塞缸需要具备什么条件才能保证快进与快退速度相等？

2. 液压缸由哪几部分组成？密封、缓冲和排气的作用是什么？

3. 油箱上装空气滤清器的目的是什么？

4. 油管有哪些材料可选？各适宜用哪种接头？

三、计算题

1. 设有一双杆液压缸，其内径 $D=100$ mm，活塞杆直径 $d=0.7D$，若要求活塞运动速度 $v=8$ cm/s，求液压缸所需要的流量 Q。

2. 某柱塞式液压缸，柱塞的直径 $d=12$ cm，输入的流量 $Q=20$ L/min，求柱塞运动的速度。

3. 如图 3-35 所示两个结构相同且相互串联的液压缸，无杆腔面积 $A_1=100$ cm^2，有杆腔面积 $A_2=80$ cm^2，缸 1 输入压力 $p_1=0.9$ MPa，输入流量 $Q=12$ L/min，不计损失和泄漏，求：（1）两缸负载相同时，该负载的数值 $F_1=F_2=$？（2）缸 2 输入压力是缸 1 压力的一半时（$p_2=0.5\,p_1$），两缸各能承受

的负载 F_1=？ F_2=？（3）当缸1负载 F_1=0 时，缸2能承受的负载 F_2=？（4）两缸的运动速度分别是多少？

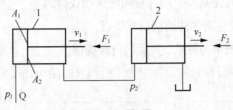

图3-35　题3图

4. 如图，活塞缸面积 A=50cm^2，负载 F_1=2kN，F_2=3kN，F_3=4kN，泵的流量 Q=25 L/min，求3个活塞缸是如何运动的？液压泵的工作压力有何变化？液压缸中活塞运动的速度是多少？3个液压缸都停止在终点位置时，溢流阀的调定压力为多少？

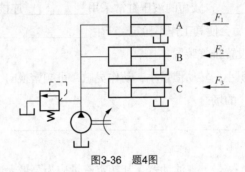

图3-36　题4图

Chapter 4

项目四

| 液压控制阀与液压基本回路 |

液压控制阀是在液压系统中用来控制液流的压力、流量、方向的元件。

1. 液压控制阀的分类

（1）按用途分类，分为方向控制阀、压力控制阀、流量控制阀 3 大类。

（2）按阀芯结构分类，有球阀、锥阀、滑阀 3 种结构。如图 4-1 所示。

① 球阀比较简单，但容易产生振动和噪声。

② 锥阀密封性能好，但制造安装精度要求高。

③ 滑阀最常用，它的结构方式多样，易于实现复杂的控制，但阀芯移动时可能出现液压卡紧现象，还由于存在间隙，不可避免地产生泄漏。

（3）按安装连接方式分类，液压系统中各液压元件之间的连接方式有：管式连接、板式连接、叠加式连接、插装式连接等，如图 4-2 所示。

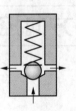 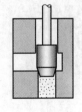 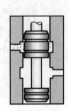

（a）球阀　　　　　（b）锥阀　　　　　（c）滑阀

图4-1　液压控制阀阀芯结构示意图

① 管式连接就是将管式阀用管道连接起来，两者之间采用螺纹管接头连接，所以也叫螺纹连接，管直径大时则用法兰连接。它的结构分散，管道交错，易产生泄漏和振动，应用较少。

② 板式连接采用板式阀，阀是用螺钉安装在专门的有孔连接板上的，液压管道与连接板在背面或侧面相连，阀的装拆简单，管道大大减少，性能有较大改进。

③ 叠加式液压阀阀体的上下面为连接面，各油口就在这两个面上，每个阀体除完成自身功能外，还兼起油路通道的作用，阀上下叠装在一起，不需油管连接，结构更紧凑。

④ 插装式连接的阀由阀芯和阀套等组成单元组件，无单独的阀体。各单元组件插装在插装块体的预制孔中，块内通道把各插装阀联通起来。插装块体起到阀体和通道两种作用。它是一种能灵活组装的新型连接方式。

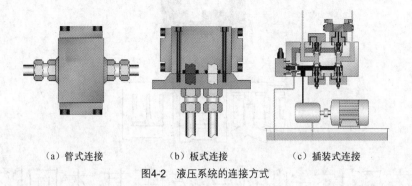

（a）管式连接   （b）板式连接   （c）插装式连接

图4-2   液压系统的连接方式

2. 液压控制阀的工作原理

液压控制阀的基本工作原理是利用阀芯在阀体内作相对运动来控制阀口的通断及阀口的大小，实现压力、流量和方向的控制。用各种阀口都适合的通用公式：$Q = KA\Delta p^{m}$ 可以对通过阀口的压力、流量作定性分析。

液压基本回路是由能够完成一定功能的液压元件组成的。我们需要熟练掌握的是常见、典型的液压基本回路。

设备的液压系统，不论其复杂程度如何，总是由一些基本回路组成的，而液压基本回路又是由液压元件组成的。因此，熟悉各种液压元件的结构、性能、工作原理和使用方法，是分析液压基本回路的基础；而熟悉和掌握液压基本回路的组成、性能、工作原理，是读液压系统图，分析、设计和使用各种液压系统的基础。

方向控制阀及方向控制回路

方向控制阀主要用来接通、切断或改变油液流动的方向，从而控制执行元件的启动、停止或改变其运动方向。方向控制阀包括单向阀和换向阀两类。

【知识目标】

（1）掌握方向控制阀的原理和结构。

（2）掌握方向控制阀的职能符号的含义。

（3）掌握常用滑阀中位机能的特点。

（4）掌握换向回路和锁紧回路的工作原理。

【能力目标】

（1）熟悉方向控制阀的职能符号的含义。

（2）能正确选择三位滑阀的中位机能。

（3）能正确分析换向回路和锁紧回路的工作原理。

一、换向阀与换向回路

1. 换向阀的类型与工作原理

（1）换向阀的类型　换向阀是利用阀芯在阀体中的相对运动，使油路接通、切断或变换油路联通组合方式，改变油液的流动方向，从而实现液压执行元件及其驱动机构的启动、停止或变换运动方向。

按阀芯运动的操纵方式不同，换向阀可分为手动、机动、电磁动、液动、电液动换向阀，其操纵方式符号如图 4-3 所示。按阀芯的工作位置数量不同，分为二位、三位、多位换向阀。按阀体上被控制的进出油口的数量不同，可分为二通、三通、四通、五通等类型的换向阀。

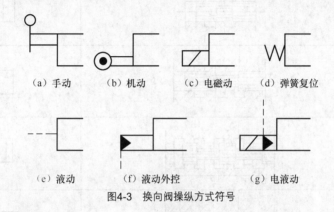

(a) 手动　　(b) 机动　　(c) 电磁动　　(d) 弹簧复位

(e) 液动　　(f) 液动外控　　(g) 电液动

图4-3　换向阀操纵方式符号

（2）换向阀的工作原理　图 4-4（a）为滑阀式换向阀的工作原理图。当阀芯处于图示位置（中位）时，油口 P、A、B、T 互不相通，液压缸的活塞处于停止状态；当阀芯向右移动一定的距离时（左位），由液压泵输出的压力油从阀的 P 口经 A 口输向液压缸左腔，液压缸右腔的油经 B 口、T 口流回油箱，液压缸活塞向右运动；反之，若阀芯向左移动一定距离时（右位），活塞向左运动，实现了换向。

图 4-4（a）中所示结构的换向阀可用图 4-4（b）所示的图形符号来表达。

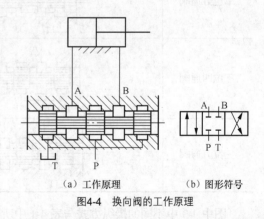

(a) 工作原理　　(b) 图形符号

图4-4　换向阀的工作原理

（3）换向阀图形符号的含义　表 4-1 所示为不同"位数"与"通数"的换向阀结构示意图与图形符号的对应表。

表中换向阀图形符号的含义如下。

① 阀的工作位置数称为"位"，用方框表示，有几个方框就表示有几"位"。

② 方框中箭头"↗"表示两油口相通，方框内封闭符号"⊥"表示此油路被阀芯封闭。

③ 阀控制的油液通路数量称为"通"，箭头、封闭符号与方框的交点即为滑阀的通路数，有几个交点就称为有几"通"。

④ 一般阀与系统供油路连接的进油口用 P 表示，与系统回油路连接的回油口用 T 表示，而阀与执行元件连接的工作油口用 A、B 表示。

⑤ 靠近控制（操纵）方式的方框，为控制力起作用时接入的工作位置；二位阀的弹簧侧和三位阀的中位是阀不动作时的位置，称为"常态位"。在液压原理图中，换向阀与油路的连接应画在常态位。二位二通阀有常开型（常态位置两油口联通）和常闭型（常态位两油口封闭断开）2 种类型，应注意区别。

表 4-1　　　　　　　　　　　　　结构示意图与图形符号

名称	结构示意图	图形符号
二位二通阀	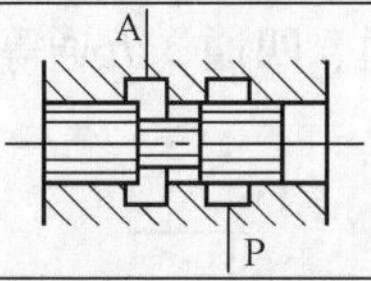	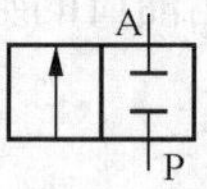
二位三通阀	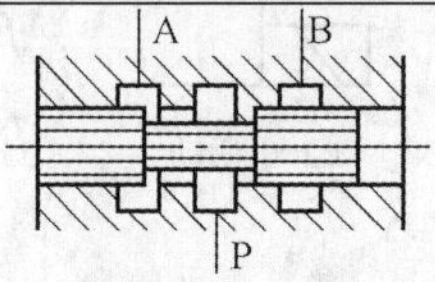	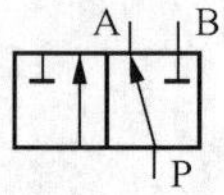
二位四通阀	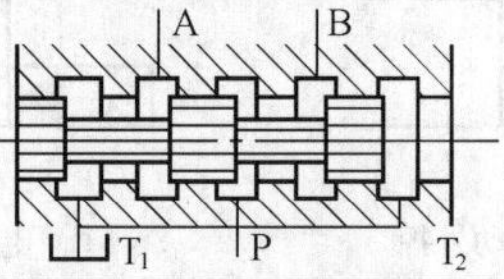	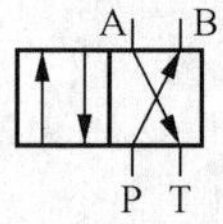
二位五通阀	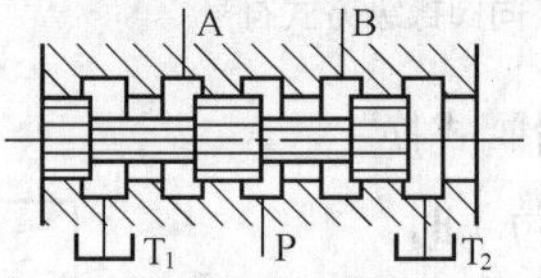	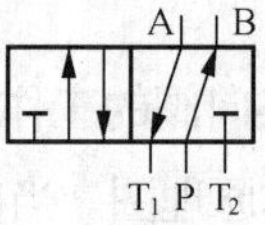
三位四通阀	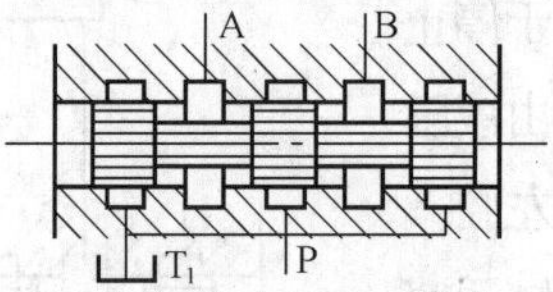	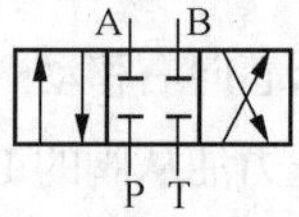
三位五通阀	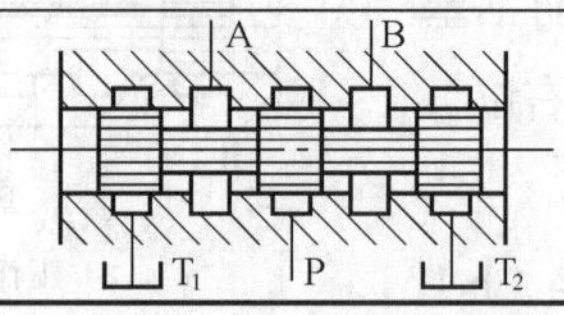	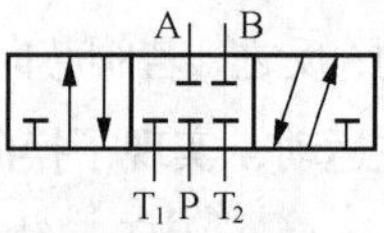

图中 4-3 中不同的操纵方式与表 4-1 中所示的换向阀的位和通路符号组合就可以得到不同的换向阀，如三位五通电液换向阀、二位二通机动换向阀等。

2. 换向阀的结构

（1）电磁换向阀　电磁换向阀是利用电磁铁推动阀芯移动来变换液流方向的。按电磁铁所用电源的不同，可分为交流（110 V、220 V、380 V）和直流（12 V、24 V、36 V、110 V）两类。从外观上看，交流电磁铁多为带散热片的方形，直流电磁铁多为圆筒形。交流电磁铁启动力大，不需要专门的电源，吸合、释放快（约 0.01～0.03 s），但换向冲击大，噪声大，因而换向频率不能太高（不得超过 30 次/分钟），若阀芯被卡住或摩擦阻力较大而使衔铁吸合不到位时，会因电流过大而将线圈烧坏，因而可靠性较差。直流电磁铁工作可靠性较高，噪声小，换向冲击也较小，换向频率高（允许 120 次/分钟，甚至可达 200 次/分钟以上）。若衔铁因某种原因不能正常吸合时，线圈不会被烧坏，但它启动力小，换向时间长，而且还需要有直流电源。

按衔铁工作腔是否有油液，电磁换向阀又可分为干式型和湿式型两种类型。干式电磁铁不允许油液流入电磁铁内部，因此在滑阀和电磁铁之间设置密封装置。但密封处摩擦阻力较大，从而影响了换向的可靠性，也易造成换向阀的泄漏。湿式电磁铁的衔铁和推杆完全浸没在油液中，相对运动件之间不需要设置密封装置，从而减少了阀芯的运动阻力，提高了换向可靠性，而且没有动密封，不易外泄漏。另外，油液还起润滑、冷却和吸振作用，使湿式电磁铁的吸力损耗小，延长了电磁铁的使用寿命。干式电磁铁一般只能工作 50～60 万次，而湿式电磁铁则可以工作 1000 万次。湿式电磁铁性能好，但价格稍贵。此外，还有一种本整流电磁铁，其电磁铁是直流的，但电磁铁本身带有整流器，通入的交流电经整流后再供给直流电磁铁。

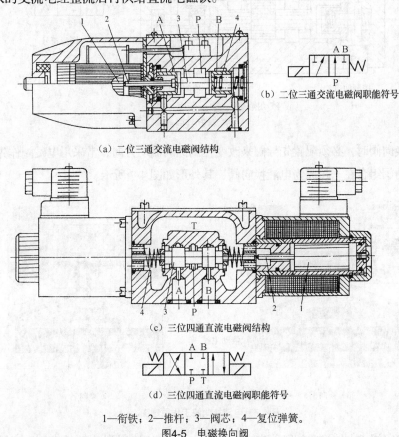

（a）二位三通交流电磁阀结构

（b）二位三通交流电磁阀职能符号

（c）三位四通直流电磁阀结构

（d）三位四通直流电磁阀职能符号

1—衔铁；2—推杆；3—阀芯；4—复位弹簧。

图4-5 电磁换向阀

图 4-5（a）所示为二位三通交流电磁阀结构。在图示位置，油口 P 和 A 相通，油口 B 断开；当电磁铁通电吸合时，推杆 2 将阀芯 3 推向右端，这时油口 P 和 A 断开，而与 B 相通。当电磁铁断电释放时，弹簧 4 推动阀芯 3 复位。图 4-5（b）为其职能符号。

图 4-5（c）、图 4-5（d）所示为一种三位四通直流电磁换向阀的结构和职能符号。三位电磁阀两边各有一个电磁铁和一个对中弹簧。在图示复位位置，油口 P、A、B、T 都不相通；当右边电磁铁通电吸合时，推杆 2 将阀芯 3 推向左端，这时油口 P 和 A 相通，油口 B 和 T 相通；当左边电磁铁通电吸合时变换为油口 P 和 B 相通，而 A 与 T 相通。当电磁铁断电释放时，弹簧 4 推动阀芯 3 复位。

（2）液动换向阀   液动换向阀是利用控制油路的压力油来改变阀芯位置的换向阀。由于控制油压力大于电磁铁的推力，所以液动换向阀能够控制高压大流量的液流。图 4-6 为三位四通液动换向阀的结构和职能符号。阀芯的移动是由两端密封腔中油液的压力差来实现的。当控制油路的压力油从控制口 K_2 进入滑阀右腔时，K_1 接通回油，阀芯向左移动，使油口 P 与 B 相通，A 与 T 相通；当 K_1 接通压力油，K_2 接通回油时，阀芯向右移动，使得油口 P 和 A 相通，B 与 T 相通；当 K_1、K_2 都接通回油时，阀芯在两端弹簧和定位套的作用下回到中间位置。

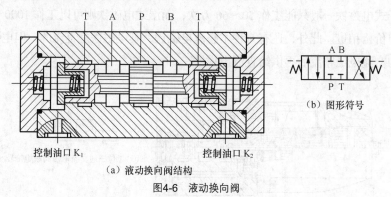

（b）图形符号

（a）液动换向阀结构

图4-6   液动换向阀

采用液动换向阀时，必须配置先导阀来改变控制油的流动方向，常采用电磁阀作先导阀。通常将电磁阀与液动阀组合在一起成为电液换向阀，其外形如图 4-7 所示。

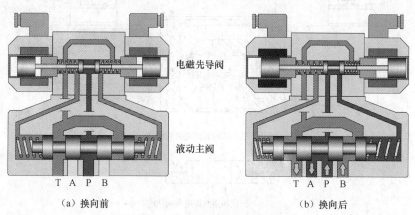

电磁先导阀

液动主阀

（a）换向前   （b）换向后

图4-7   电液换向阀工作原理图

（3）电液换向阀   电液换向阀既能实现换向缓冲，又能用较小的电磁铁控制大流量的液流，从而方便地实现自动控制，故在大流量液压系统中宜采用电液换向阀换向。

图 4-7 所示为弹簧对中型三位四通电液换向阀的结构。当先导电磁阀的 2 个电磁铁均不通电而处于图 4-7（a）所示位置时，先导电磁阀阀芯在其对中弹簧的作用下处于中位，此时来自主阀 P 口

（或外接油口）的控制压力油不能进入主阀芯左、右两端的控制腔，主阀芯左右两腔的油液通过先导阀中间位置经先导阀的 T 口流回油箱。主阀芯在两端对中弹簧的作用下，依靠阀体定位，准确地处在中间位置，此时主阀的 P、A、B、T 油口均不相通。当先导阀左边的电磁铁通电后，使其阀芯向右移动，处于图 4-7（b）所示右端位置时，来自主阀 P 口（或外接油口）的控制压力油经先导阀进入主阀右端的控制腔，推动主阀阀芯向左移动，这时主阀芯左端控制腔中的油液经先导阀流回油箱，使主阀的油口 P 与 A、B 与 T 的油路相通；反之，当先导阀右边的电磁铁通电时，可使油口 P 与 B、A 与 T 的油路相通。图 4-8（a）为电液换向阀（弹簧对中、内部压力控制、外部泄油）的详细职能符号图，图中在 2 个液控口增加了单向节流阀，主阀芯的移动速度可调，从而避免换向过快造成冲击。图 4-8（b）为其简化符号图。

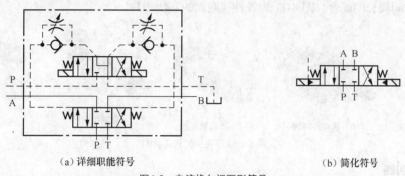

（a）详细职能符号　　　　　　　　（b）简化符号

图4-8　电液换向阀图形符号

（4）机动换向阀　机动换向阀又称行程阀，它通过安装在工作台上的挡铁或凸轮等来推动阀芯。图 4-9 为滚轮式二位二通常闭式机动换向阀结构及其职能符号图。在图示位置时，阀芯 2 在弹簧 3 的作用下处于左端位置，此时油口 P 和 A 不通；当挡铁或凸轮压下滚轮 1，使阀芯 2 移动到右端位置时，使油口 P 和 A 接通。

机动换向阀结构简单，动作时阀口渐闭渐开，故换向可靠、平稳，常用于运动部件的行程控制。但它必须安装在运动部件附近，所需油管也较长。

（5）手动换向阀　手动换向阀是利用手动杠杆来改变阀芯位置实现换向的，图 4-10 所示为手动换向阀的图形符号。

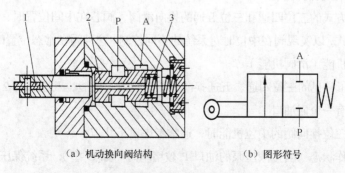

（a）机动换向阀结构　　　　　　　（b）图形符号

1—滚轮；2—阀芯；3—复位弹簧。

图4-9　机动换向阀

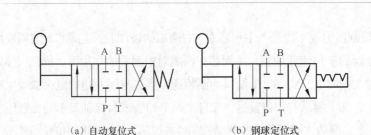

（a）自动复位式   （b）钢球定位式

图4-10   手动换向阀图形符号

图 4-10（a）所示为自动复位式换向阀。放开手柄，阀芯在弹簧的作用下自动回复至中位。它适用于动作频繁、工作持续时间短的场合。其操作比较安全，常用在工程机械的液压传动系统中。若将阀芯右端改为图 4-10（b）所示的钢球定位结构形式，即成为可在 3 个位置停止的手动换向阀，可用于工作时间较长的场合。图 4-11 为各种换向阀的实物图片。

（a）手动换向阀   （b）机动换向阀   （c）液动换向阀   （d）电磁换向阀   （e）电液换向阀

图4-11   液压换向阀实物图

3．换向回路

各种类型的换向阀都可以组成换向回路，它们遍及回路和系统中，这里只以三位四通电磁换向阀的为例进行说明。

如图 4-12 所示，当电磁铁 1YA 通电时，换向阀阀芯左位接入系统工作，压力油经 P 口、A 口进入油缸左腔，油缸右腔油经 B 口、T 口回到油箱，同时活塞杆伸出；当电磁铁 2YA 通电时，换向阀阀芯右位接入系统工作，压力油经 P 口、B 口进入油缸右腔，油缸左腔油经 A 口、T 口回到油箱，同时活塞杆缩回；1YA、2YA 都不通电时，换向阀处于中位，油缸中的油液停止流动。

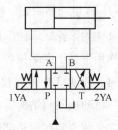

图4-12   电磁换向阀换向回路

4．换向阀的中位机能

对于各种操纵方式的三位四通和三位五通的换向滑阀，阀芯在中间位置时，各油口间的通路有各种不同的连接形式，以实现阀在中位时对系统的不同控制。这种阀在常态位置时的内部通路形式，称为三位阀的中位机能（滑阀机能）。

表 4-2 中列出了常见的三位四通、五通换向阀的中位滑阀机能（五通阀有 2 个回油口，四通阀在阀体内连通，只有一个回油口）。

在分析和选择三位换向阀的中位机能时，通常考虑以下几点。

（1）液压泵工作状态   当接液压泵的油口 P 被堵塞时（如 O 型），系统保压，液压泵能用于多缸液压系统；当油口 P 与 T 相通时（如 H 型、M 型），液压泵处于卸荷状态，功率损耗少。但此时如并联有其他工作元件，会使其无法得到压力，从而不能正常动作。

表 4-2　　　　　　　　　　　　常见三位换向阀的中位机能

机能形式	结构简图	中间位置的符号 三位四通	中间位置的符号 三位五通	作用、机能特点
O		A B / T P	A B / T_1 P T_2	P、A、B、T 全不通，缸被锁紧，换向精度高，但有冲击；泵不卸荷
H		A B / P T	A B / T_1 P T_2	P、A、B、T 全通，缸浮动，换向平稳，但冲出量大；泵卸荷
Y		A B / P T	A B / T_1 P T_2	A、B、T 通，缸浮动，换向较平稳，冲出量较大；P、T 不通，泵不卸荷
P		A B / P T	A B / T_1 P T_2	P、A、B 通，双杠时缸浮动，换向最平稳，冲出量较小；P、T 不通，泵不卸荷
M		A B / P T	A B / T_1 P T_2	A、B 不通，缸被锁紧，换向精度高，但有冲击；P、T 通，泵卸荷

（2）液压缸工作状态　当油口 A 和 B 接通时（如 H 型），卧式液压缸处于浮动状态，可以通过机械装置改变与其相连的工作台的位置；立式液压缸由于自重而不能停留在任意位置上；当油口 A、B 堵塞时（如 O、M 型），液压缸能可靠地停留在任意位置上，但不能通过机械装置改变执行机构的位置。当油口 A、B 与 P 连接时（如 P 型），单杆液压缸和立式液压缸不能在任意位置停留，双杆液压缸可以浮动。

（3）换向平稳性与精度　当通液压缸的油口 A、B 堵塞时（如 O 型），换向过程中易产生液压冲击，换向平稳性差，但换向精度高；反之，油口 A、B 都接通油口 T 时（如 H 型），换向过程中工作部件不易迅速制动，换向精度低，但液压冲击小、换向平稳性好。

（4）启动平稳性　当阀芯处于中位时，液压缸的某腔若与油箱相通（如 H 型），则启动时该腔内会因无足够的油液起缓冲作用而不能保证平稳启动；反之，液压缸的某腔不通油箱而充满油液时（如 O 型），再次启动就较平稳。

二、单向阀与锁紧回路

1. 单向阀的结构与工作原理

单向阀的作用是控制油液向一个方向流动，反向则截止，故又称止回阀。液压系统对单向阀的主要性能要求是：正向流动阻力损失小，反向密封性能好，动作灵敏。图 4-13（a）所示为一种管式普通单向阀的结构。压力油从阀体 1 的进油口 P_1 流入并作用在锥阀上，克服弹簧 3 的作用力后，顶开阀芯 2，经阀芯 2 上的径向孔 A、轴向孔 B 从阀体右端的出油口 P_2 流出；但是压力油从阀体右端的油口 P_2 流入时，液压力和弹簧力一起使阀芯 2 压紧在阀座上，油液不能通过。其职能符号如图 4-13（c）所示。板式连接单向阀的工作原理与管式单向阀相同，只是将进、出油口开在底平面上，用螺钉把阀体固定在连接板上，如图 4-13（b）所示。

单向阀中的弹簧主要用来克服阀芯的摩擦阻力和惯性力。为了使单向阀工作灵敏可靠，普通单向阀的弹簧刚度较小，以免油液流动时产生较大的压力降。一般单向阀的开启压力范围为 0.035～0.05 MPa，通过额定流量时的压力损失不应超过 0.1～0.3 MPa。若将单向阀中的弹簧换成较大刚度的，则阀的开启压力增至 0.2～0.6 MPa，可将其置于回油路中作背压阀使用。

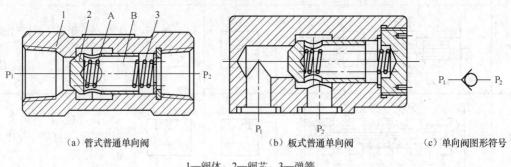

（a）管式普通单向阀   （b）板式普通单向阀   （c）单向阀图形符号

1—阀体；2—阀芯；3—弹簧。

图4-13 单向阀

2. 液控单向阀

图 4-14（a）所示为一种液控单向阀，结构上增加了一个控制活塞部分，当控制油口 K 处于无压力油通过时，它的工作就像普通单向阀一样，压力油只能从油口 P 流向出油口 P_2，不能反向流动。当控制油口 K 有控制压力油作用时，控制活塞 1 在液压力的作用下向右移动，推动顶杆顶开阀芯 2，使油口 P 和 P_2 接通，油液就可以从油口 P_2 流向 P。控制油压力一般为主油路压力的 30%～50%即可。图 4-14（b）为液控单向阀的图形符号。

在高压系统中，为了降低反向开启的控制油压力，在锥阀 2 中心增加了一个用于卸荷的小阀芯 3，如图 4-14（c）所示。锥阀 2 开启之前，控制活塞 1 通过顶杆先顶起卸荷阀芯 3，这时锥阀 2 上部的油液通过卸荷阀芯 3 上的缺口流入 P_1 腔而降压，上腔压力降低到一定值后，控制活塞 1 用较小的力即可将锥阀 2 顶起，使 P_2 和 P_1 完全联通。联通时若 P_2 和 P_1 相差不大，开启时液压冲击就较小。用这种带卸荷阀芯的液控单向阀，其最小控制油压力约为主油路的 5%即可。

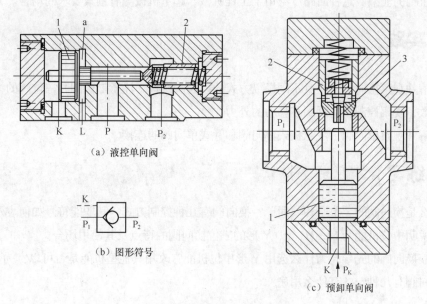

（a）液控单向阀

（b）图形符号

（c）预卸单向阀

1—控制活塞；2—锥阀；3—卸荷阀芯。

图4-14 液控单向阀

3. 单向阀的用途

单向阀常安装在液压泵的出油口，可防止泵停止时因受压力冲击而损坏，又可防止系统中的油液流失，避免空气进入系统。单向阀还可做保压阀用，对开启压力大的单向阀还可做背压阀用。单向阀与其他元件经常组成复合元件。液控单向阀的应用范围也很广，如利用液控单向阀的锁紧回路、立式设备防止自重下落回路、充液阀回路、旁通放油阀回路以及蓄能器供油回路等。由于液控单向阀的阀芯一般为无间隙的锥阀式，密封性好，泄漏极少，可长时间保压、锁紧，故其又称为液压锁。

4. 锁紧回路

锁紧回路的作用是使液压缸能在任意位置上停留，且停留后不会因外力作用而移动。

（1）采用"O"型或"M"型换向阀的锁紧回路 如图4-12所示，采用 O 型或 M 型中位机能的三位换向阀可以实现锁紧。当阀芯处于中位时，液压缸的进、出油口都被封闭，可以将活塞锁紧。这种锁紧回路由于受到滑阀芯间隙泄漏的影响，锁紧效果较差，时间长了可能使活塞漂移，所以只能用在要求较低的场合。

（2）采用液控单向阀的锁紧回路 图 4-15 所示是采用液控单向阀的锁紧回路。当换向阀处于左位时，压力油经单向阀 1 进入液压缸左腔，同时压力油亦进入单向阀 2 的控制油口 K_2。打开阀 2，液压缸右腔的油经阀 2 和换向阀流回油箱，使活塞右行；反之，活塞向左运动。到了需要停留的位置，只要使换向阀处于中位，因阀的中位为 H 型机能（Y 型也可），控制油口通油箱，压力为零，所以阀 1 和阀 2 能立即关闭，使活塞停止运动并双向锁紧。锁紧精度

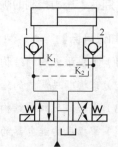

图4-15 采用液控单向阀的锁紧回路

只取决于液压缸的泄漏。这种回路广泛用于工程机械、起重机械等有锁紧要求的场合。

观察与实践

（1）拆解并观察换向阀，注意不同操纵方式的换向阀结构，注意二位阀和三位阀的特点。观察换向阀油道数、观察控制换向阀阀芯移动的外力。

（2）拆解并观察单向阀，注意板式单向阀和管式单向阀的连接。

思考与练习

（1）什么是换向阀的"位"和"通"？换向阀有几种控制方式？其职能符号如何表示？

（2）试说明中位机能为 M、H、P、Y 形的三位换向阀的特点及其使用场合。

（3）电液换向阀的先导阀为什么选用 Y 形中位机能？改用其他型机能是否可以？为什么？

（4）单向阀有几种？各有什么用途？

任务二　压力控制阀及压力控制回路

控制液压系统压力或受压力控制而动作的阀，统称为压力控制阀，简称压力阀。压力控制阀按其功能和用途不同可分为溢流阀、减压阀、顺序阀和压力继电器等。这类阀的共同特点是其都是利用作用在阀芯上的液压力和弹簧力相平衡的原理来进行工作的。

压力控制回路就是用压力阀对系统的压力进行控制的回路，对系统整体或局部压力进行控制和调节，以满足执行元件对力、转矩以及实现动作的需要。压力控制回路主要包括调压、减压、增压、平衡、卸荷、压力控制的顺序动作回路等多种回路。

【知识目标】

（1）掌握溢流阀的结构、工作原理及应用。

（2）掌握顺序阀阀的结构、工作原理及应用。

（3）掌握减压阀的结构、工作原理及应用。

（4）掌握压力继电器的结构、工作原理及应用。

【能力目标】

（1）熟悉溢流阀的职能符号、工作原理及用途。

（2）熟悉顺序阀的职能符号、工作原理及用途。

（3）熟悉减压阀的职能符号、工作原理及用途。

（4）熟悉压力继电器的职能符号、工作原理及用途。

一、溢流阀及其应用

溢流阀在液压系统中最主要的作用是维持压力的恒定和限定最高压力。几乎所有液压系统都要用到溢流阀，它是液压系统中最重要的压力控制阀。液压系统中常用的溢流阀有直动型和先导型 2 种。直动型一般用于低压系统，先导型用于中、高压系统。

1. 溢流阀的结构和工作原理

（1）直动型溢流阀 图 4-16（a）为直动型溢流阀结构示意图。它是利用系统中的油液作用力直接作用在阀芯上与弹簧力相平衡来控制阀芯的启闭的，从而进一步控制进油口处的油液压力。图中 P 是进油口，T 是回油口，进油口压力油作用在阀芯的端面上。当进油压力较小时，阀芯 2 在弹簧 3 的作用下处于左端位置，P 和 T 两油口不能相通。当进油压力升高，阀芯左端所受的液压力超过弹簧的压紧力 F_S 以及摩擦力时，阀芯移动，阀口被打开，将多余的油液排回油箱。通过调节手轮 4，可以改变弹簧 3 的压紧力，这样也就调整了溢流阀进油口处的油液压力。

当溢流阀正在稳定溢流工作时，作用在阀芯上的力应是平衡的。阀芯的受力平衡方程为：

$$pA = F_S = k(x_0 + \Delta x) \qquad (4\text{-}1)$$

式中，p 为进油口压力；A 为阀芯承受油液压力的面积；F_S 为弹簧的调定作用力。

由式（4-1）可得：

$$p = F_S/A = k(x_0 + \Delta x)/A \qquad (4\text{-}2)$$

式中，k 为阀芯弹簧的刚度；x_0 为弹簧的预压缩量；Δx 为阀芯开启后弹簧的附加压缩量。

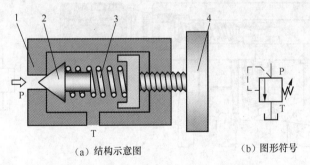

（a）结构示意图　　　　（b）图形符号

1—阀体；2—阀芯；3—调压弹簧；4—调节手轮。
图4-16　直动式溢流阀结构示意图、图形符号

由式（4-2）可知，弹簧力的大小与控制压力成正比，溢流阀的进口油压力受弹簧的压紧力控制。由于溢流阀正常工作过程中，阀芯开口的变化量很小，因此，弹簧的附加压缩量 Δx 也是较小的，故 p 值将基本保持不变，从而系统压力被控制在调定值附近。若系统压力升高，则 Δx 增大，阀口开大，溢流量增大，限制了系统压力的升高；当压力低于调定压力时，Δx 减小，阀口关小，溢流量减小，限制了系统压力的继续下降。

若要提高被控压力，则需加大弹簧力，因受结构限制，需采用较大刚度的弹簧。这样，在阀芯位移相同的情况下，会得到变化较大的弹簧力。因此，这种阀的定压精度低，一般用于压力小于 2.5

MPa 的小流量场合，图 4-16（b）所示为直动型溢流阀的图形符号。

（2）先导型溢流阀 先导型溢流阀由主阀和先导阀 2 部分组成。其中，先导阀部分就是一种直动型溢流阀（多为锥阀式结构）。主阀有各种不同结构形式，但工作原理是一样的。先导式溢流阀有主油路、控制油路和泄油路 3 条油路。图 4-17 所示为先导式溢流阀的工作原理和图形符号。主油路：从进油口 P 到出油口（溢流口）T 的油路。控制油路。压力油自进油口 P 进入，作用于主阀阀芯 1 下端面，并通过主阀阀芯 1 上的阻尼孔 2 进入先导阀阀芯前腔，作用于导阀阀芯 4 上。泄油路：先导阀被打开时，从先导阀弹簧腔经泄油口 L 到出油口 T 的油路。此外先导式溢流阀上有一外控口 K。

如图 4-17 所示，在外控口 K 封闭的情况下，压力油自 P 口进入，通过主阀阀芯 1 上的阻尼孔 2、进入先导阀阀芯前腔，作用于导阀阀芯 4 上。当进油压力小于先导阀调压弹簧 5 的调定值时，导阀关闭，阻尼孔 2 中没有油液流动，主阀阀芯 1 上、下两侧的液压力相等，在主阀弹簧力的作用下，主阀阀芯 1 关闭，P 口与 T 口不能形成通路，没有溢流。当进油口 P 口压力升高到作用在导阀上的液压力大于导阀弹簧力时，导阀阀芯 1 右移，油液就可从 P 口通过阻尼孔 2 经导阀流向 T 口。由于阻尼孔 2 的存在，油液经过阻尼孔 2 时会产生一定的压力损失（阀芯上阻尼孔 2 的作用是增加液阻，同时它还可以减小阀芯的振动，提高阀的工作平稳性），所以阻尼孔下部的压力高于上部的压力，即主阀阀芯 1 的下部压力大于上部的压力。这个压差的存在使主阀阀芯 1 上移开启，使油液可以从 P 口向 T 口流动，实现溢流。当进油口 P 口压力又降到小于导阀弹簧力时，导阀关闭，主阀阀芯 1 上、下方油压又相等，在主阀弹簧 3 的作用下关闭。

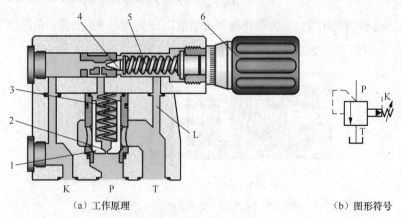

（a）工作原理   （b）图形符号

1—主阀阀芯；2—阻尼孔；3—主阀弹簧；4—导阀阀芯；5—导阀弹簧；6—调压平轮。

图4-17 先导式溢流阀工作原理图

溢流阀 P 口要与 T 口形成通路，P 口必须有足够的压力顶开导阀弹簧 5，而且要形成一定流量使阻尼孔 2 两边产生足够压差。进口压力的大小不同，P 口与 T 口间开口的大小也是不同的。当油压对阀芯的作用力正好大于弹簧预紧力时，溢流阀阀口打开，开始溢流，这个压力称为溢流阀的开启压力。此时，由于压力较低，阀的开口很小，溢流量较小。随着油压的进一步上升，弹簧进一步被压缩，阀开口增大，溢流量增加。当溢流量达到额定流量时，阀芯打开到最大位置，这时的压力称为溢流阀的调整压力。

可以认为，主阀受上腔油压控制，上腔油压受先导阀控制，调节导阀弹簧 5 即可间接控制主阀进口油压。由于导阀的流量小，阀芯一般为锥阀。其受压面积很小，所以用一个刚度不大的弹簧就可以对高开启压力进行调节。由于阀芯上腔主要有控制压力存在，所以主阀弹簧只需有较小的刚度、尺寸，就可以关闭主阀阀芯。在系统压力很高时，也无需很大的主阀弹簧力来与之平衡。所以先导型溢流阀可以用于中、高压系统。这种阀调压比较轻便、振动小、噪声低、压力稳定，但只有在先导阀和主阀都动作后才起控制压力作用，因此反应不如直动型溢流阀快。

先导型溢流阀的外控制口 K，它与主阀上腔相通，若将 K 口用管道与其他控制阀接通，就可以实现各种功能。若将其与另一个小通径的溢流阀（远程调压阀）相连，就可以通过它调节溢流阀主阀上端的压力，从而实现溢流阀的远程调压。若通过二位二通电磁换向阀接油箱，就能在电磁换向阀的控制下对溢流阀进行卸荷。

（3）溢流阀的性能　　溢流阀是液压系统极其重要的控制元件，对整个系统的性能影响很大。溢流阀的性能包括溢流阀的静态性能和动态性能，在此只对静态性能作一简单介绍。静态性能是指溢流阀在稳定工况下（即系统压力没有突变时），溢流阀所控制的压力——流量特性。

① 压力调节范围　　压力调节范围是指调压弹簧在规定的范围内调节时，系统压力能平稳地上升或下降，且无突跳及迟滞现象时的最大至最小调定压力。溢流阀的最大允许流量为其额定流量，在额定流量下工作时溢流阀应无噪声；溢流阀的最小稳定流量取决于它的压力平稳性要求，一般规定为额定流量的 15%。

② 启闭特性　　启闭特性是指溢流阀从刚开启到通过额定流量，即全流量，再由全流量到闭合的过程中，被控压力与通过溢流阀的溢流量之间的关系。它是衡量溢流阀定压精度的一个重要指标，一般用溢流阀开始溢流时的开启压力 P_K 以及停止溢流时的闭合压力 P_B 与额定流量下的调定压力 P_S 的比值 P_K/P_S、P_B/P_S 的百分率来衡量。前者称为开启比，后者称为闭合比，比值越大，溢流阀的启闭特性越好。一般，开启比大于 90%，闭合比大于 85%。直动型和先导型溢流阀的启闭特性曲线如图 4-18 所示。由图中可以看出，先导型溢流阀曲线较陡，即随流量变化压力变化较小，也就是先导型溢流阀的定压性能比直动型溢流阀好。

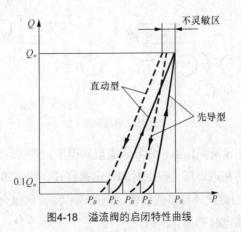

图4-18　溢流阀的启闭特性曲线

③ 卸荷压力　　当溢流阀的远程控制口与油箱相通时，额定流量下的压力损失称为卸荷压力。卸

荷压力越小，油液通过溢流阀开口处的损失越小，油液的发热量也越小。

2. 溢流阀的应用

溢流阀主要用在压力调节回路，其作用是使液压系统整体或部分的压力保持恒定或不超过某个数值。在定量泵系统中，液压泵的供油压力可以通过溢流阀来调节。在变量泵系统中，用溢流阀作安全阀来限定系统的最高压力，以防止系统过载。若系统中需要 2 种以上的压力，则可采用多级调压回路。

（1）调压溢流回路　如图 4-19（a）所示，系统采用定量泵供油时，用进油路节流调速回路或者是回油路节流调速回路调节进入液压缸的流量，在液压泵的出口处设置溢流阀，使多余的油从溢流阀流回油箱。溢流阀处于调定压力下的常开溢流状态。调节溢流阀便可调节泵的供油压力。

（2）安全保护回路　如图 4-19（b）所示，系统采用变量泵供油时，没有多余的油需要溢流，其工作压力由负载决定。这时与泵并联的溢流阀只在过载时打开，限制系统的最大压力，用于保障系统的安全。溢流阀是常闭的，又称安全阀。安全阀的调定压力为系统最高工作压力的 110%～120%。

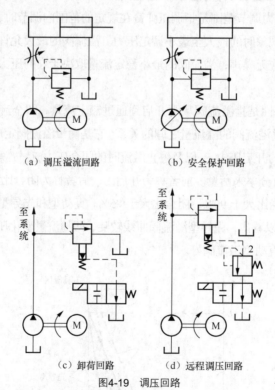

(a) 调压溢流回路　　　　(b) 安全保护回路

(c) 卸荷回路　　　　(d) 远程调压回路

图4-19　调压回路

（3）卸荷回路　系统采用定量泵供油、先导式溢流阀调压。当阀的外控口 K 与油箱联通时，溢流阀的控制压力为零，主阀芯在进口压力很低时即可迅速打开，使泵卸荷，以减少能量损耗。如图 4-19（c）所示，用电磁阀使溢流阀外控口通油箱，电磁阀和溢流阀组合为一体时称为电磁溢流阀。通常，电磁铁断电时卸荷，通电时则建立压力。

（4）远程调压回路　图 4-19（d）所示为远程调压回路。当二位二通电磁阀处于图示位置接通远程调压阀 2 时，主溢流阀的控制压力由阀 2 调定。当电磁阀通电左位时，阀 2 不起先导作用，系统的工作压力由主溢流阀 1 自身调定，这样可实现两种不同的系统压力。但阀 2 的调定压力一定要小于主阀 1 的调定压力，否则阀 2 不起作用。也可以去掉电磁阀，将调压阀 2 直接接在溢流阀 1 的远程控制口上。为方便操作，阀 2 可以安装在离主阀较远的位置。

（5）多级调压回路 图 4-20 所示为多级调压回路。采用电磁阀接通不同调定压力的远程调压阀 2、3、4，系统就可得到一共四级压力。

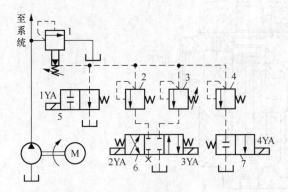
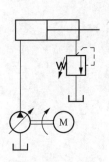

1—先导型溢流阀；2、3、4—远程调压阀；5、6、7—换向阀。

图4-20 多级调压回路　　　　　　　　　　图4-21 背压回路

（6）背压回路 图 4-21 中将溢流阀安装在液压缸的回油路上，可使缸的回油腔形成压力（背压），使缸运动平稳。具有这种用途的阀称为背压阀。

二、顺序阀及其应用

顺序阀是用来控制液压系统中各元件先后动作顺序的液压元件。按控制方式分类，顺序阀可分为内控式和外控式 2 大类。前者用阀的进口压力控制阀芯的启闭，称为内控顺序阀，简称顺序阀；后者用外来的控制压力油控制阀芯的启闭，称为液控顺序阀。按结构分类，顺序阀也有直动型和先导型 2 种类型。

1. 顺序阀的结构和工作原理

图 4-22 为一种直动型顺序阀结构图。油口油压经过油道进入控制活塞下端，当其进油口油压低于弹簧 6 调定压力时，控制活塞 3 下端推力较小，阀芯 5 处于最下端，阀口关闭，顺序阀不通。当其进油口油压达到或超过弹簧 6 调定压力时，阀芯 5 上升，阀口开启，顺序阀接通，阀后的油路工作。通过螺钉 8 调节弹簧 6 的预压缩量即能调节阀的开启压力。这种顺序阀由进油口压力控制，称为普通顺序阀或内控顺序阀，调压弹簧腔必须另接油管到油箱，并留出外泄口，这种连接方式称为外泄。内控顺序阀图形符号如图 4-23（a）所示。

若控制油压不从进油口引入，而另接控制油管通入控制油，则阀的动作由外供控制油控制，这时即成为液控顺序阀，图形符号如图 4-23（b）所示。

若将液控顺序阀的出油口接油箱，它就成为卸荷阀。这时内部泄油可接出口，称为内泄。卸荷阀图形符号如图 4-23（c）所示。

先导型顺序阀用于较大的规格，其结构与溢流阀相似，图形符号如图 4-23（d）所示。顺序阀通常与单向阀组合成单向顺序阀使用，图形符号如图 4-23（e）所示。

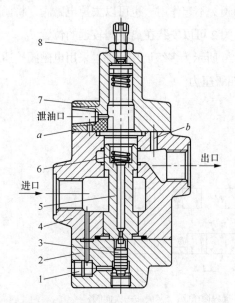

1—螺堵；2—下阀盖；3—控制活塞；4—阀体；5—阀芯；6—弹簧；7—上阀盖；8—调压螺钉。

图4-22　直动型顺序阀结构

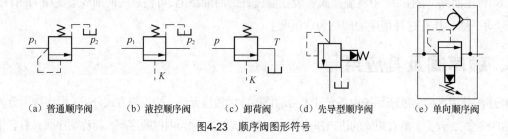

（a）普通顺序阀　　（b）液控顺序阀　　（c）卸荷阀　　（d）先导型顺序阀　　（e）单向顺序阀

图4-23　顺序阀图形符号

顺序阀在液压系统中的主要用途，除控制执行机构的顺序动作外，也可作卸荷阀、背压阀及平衡阀使用。

2. 顺序动作回路和平衡回路

（1）采用顺序阀的顺序动作回路　图 4-24 所示为机床夹具上装夹工件，实现先定位后夹紧的顺序动作回路。当电磁阀由通电切换到断电状态时，压力油直接进入定位缸下腔。定位缸上升将定位销插入工件定位孔实现定位。定位动作未完成时，油压较低，不足以打开顺序阀进入夹紧缸。定位缸到位后，油路压力才会上升至顺序阀调定压力，使得顺序阀开启，压力油进入夹紧缸下腔，实现夹紧动作。

（2）采用顺序阀的平衡回路　为了防止立式液压缸与垂直工作部件由于自重而自行下落，或在下行运动中由于自重而造成超速下降，使运动不平稳，可采用平衡回路。即在立式液压缸下行回油路上设置顺序阀，产生适当的背压阻力来平衡自重。

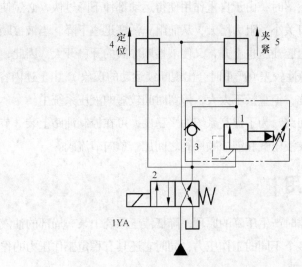

1—顺序阀；2—换向阀；3—单向阀；4—定位缸；5—夹紧缸。

图4-24　顺序回路

图 4-25（a）所示为采用单向顺序阀（也称平衡阀）的平衡回路。单向顺序阀的调定压力应稍大于由工作部件自重而在液压缸下腔形成的压力。液压缸不工作时，单向顺序阀关闭，工作部件不会自行下落。换向阀左位接入后，液压缸上腔通压力油，当下腔背压力大于顺序阀的调定压力时，顺序阀开启。由于液压缸下腔一直存在背压力，运动部件自重得到平衡，活塞可以平稳地下落，不会产生超速现象。活塞下落时，这种回路的功率损失大。活塞停止时，由于单向顺序阀的泄漏而使运动部件缓慢下降，所以它适用于工作部件重量不大，对活塞锁住时的定位要求不高的场合。

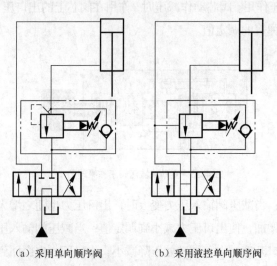

（a）采用单向顺序阀　　　（b）采用液控单向顺序阀

图4-25　平衡回路

图 4-25（b）所示为采用液控单向顺序阀的平衡回路。当换向阀处于中位时，液控顺序阀关闭，使工作部件停止运动并能防止其因自重而下落。当换向阀左位接入后，液压油进入液压缸上腔，并进入液控顺序阀的控制口。打开顺序阀，液压缸下腔回油，背压消失，活塞下行。因此，这种回路

效率高，安全可靠，但在活塞下落时，由于自重作用使得运动部件下降过快，必然使液压缸上腔的油压降低，使液控顺序阀的开口关小，阻力增大，从而阻止活塞迅速下降。当液控顺序阀开口关小时，液压缸下腔的背压上升，上腔油压也上升，又使液控顺序阀的开口开大。因此，液控顺序阀的开口处于不稳定状态，系统平稳性较差（严重时会出现断续运动的现象）。由上述内容可知，这种回路适用于运动部件的重量有变化，但重量不太大，停留时间较短的液压系统中。

　　起重机中就是采用的这种回路。为了提高系统的平稳性，可在控制油路上装一节流阀，使液控顺序阀的启闭动作减慢，也可在液压缸和液控顺序阀之间加一单向节流阀。

三、减压阀及其应用

　　减压阀是利用油液流过缝隙时产生压降的原理，降低液压系统中某一局部的油液压力，使得用一个液压源的系统中同时得到多个不同的工作压力，同时它还具有稳定工作压力的作用。

1．减压阀的结构和工作原理

　　根据减压阀所控制的压力不同，它可分为定值减压阀、定差减压阀和定比减压阀。其中定值减压阀在液压系统中应用最为广泛，因此也简称为减压阀，本部分只介绍定值减压阀。

　　定值减压阀能将其出口压力限制在调定值。常用的有直动式减压阀、先导式减压阀和溢流减压阀。

　　（1）直动式减压阀　图4-26所示为直动式减压阀的结构，作用在阀芯左端的控制压力来自出口压力。当出口压力未达到调压弹簧的预设值时，阀芯处于最左端，阀口P与A联通，不起减压作用，出口压力等于进口压力。随着出口压力逐渐上升并达到设定值时，阀芯右移，阀口开度逐渐减小直至完全关闭，阀起到了减压作用。阀芯动作减压时，作用在阀芯上的出口压力是和弹簧力相平衡的，所以减压阀出口压力等于弹簧的调定值。

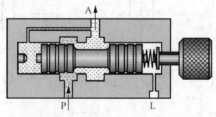

图4-26　直动式减压阀工作原理图

　　减压阀的稳压过程为：当减压阀输入压力变大时，出口压力也随之增大，阀芯相应右移，使阀口开度减小，阀口处压降增加，使出口压力减小到调定值；当减压阀输入压力变小时，出口压力减小，阀芯相应左移，使阀口开度增大，阀口处压降减小，出口压力也会回到调定值。可见减压阀通过这种出口压力的反馈作用，自动控制阀口开度，可使出口压力稳定在调定值。

　　对比减压阀和溢流阀可以发现，它们自动调节作用的原理是相似的不同之处主要有以下几点。

　　① 溢流阀保持进口处的压力基本不变，而减压阀保持出口压力基本不变。

　　② 溢流阀阀芯的控制压力来自进口，而减压阀的来自出口。

③ 在不动作时，溢流阀进、出油口不通（常闭），而减压阀进、出油口相通（常开）。

④ 溢流阀调压弹簧腔的油液经阀的内部通道与溢流口相通，无外泄口；而减压阀进出油口都有压力，调压弹簧腔必须另接油管到油箱，有外泄口。

采用直动式减压阀的减压回路如果由于外部原因造成减压阀输出口压力继续升高，此时由于减压阀阀口已经关闭，减压阀将失去减压作用。这时由于减压阀输出口的高压无法马上泄走，可能会造成设备或元件的损坏。在这种情况下可以在减压阀的输出口并联一个溢流阀来泄走这部分高压或采用溢流减压阀代替直动式减压阀。

（2）溢流减压阀　图 4-27 为溢流减压阀工作原理图，它就相当于在直动式减压阀出口处并联一个溢流阀所构成的组合阀。正常工作时，回油口 T 关闭，其工作状态与图 4-26 所示的减压阀完全一致。达到设定压力值时，溢流减压阀阀芯右移将阀口关闭。但当输出口出现超过设定值的高压时，其阀芯可以继续右移，使输出油口 A 与回油口 T 导通，输出油口的高压油从 T 口泄走，从而使出口压力迅速下降回到设定值。

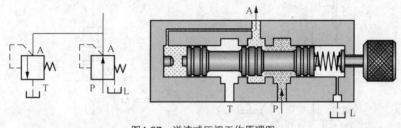

图4-27　溢流减压阀工作原理图

（3）先导式减压阀　在中、高压系统中常用的是先导式减压阀。先导式减压阀和先导式溢流阀一样，都是由导阀和主阀 2 部分构成的。与直动式减压阀的弹簧直接控制相比，先导式减压阀的主阀芯改由导阀控制。导阀的油压是从主阀出口引来的，导阀弹簧力与出口压力相平衡，而不是与进口压力相平衡，其详细结构和工作原理类似。

各种减压阀的图形符号见图 4-28。

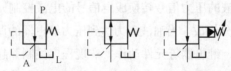

（a）直动式减压阀　（b）溢流减压阀　（c）先导式减压阀

图4-28　减压阀的图形符号

2. 减压回路

减压回路的功用是使系统中的某一部分油路具有较低的稳定压力，它在夹紧系统、控制系统、润滑系统中应用较多。图 4-29（a）为一种常见的减压回路。液压泵的最大工作压力由溢流阀 1 来调节，夹紧工件所需的夹紧力可用减压阀 2 来调节，电磁换向阀通常采用失电时夹紧的方式，单向阀 3 的作用是防止主油路压力降低时（低于减压阀的调定压力）油液倒流，使夹紧缸的夹紧力不致受主系统压力波动的影响，起到短时保压的效果。

减压回路采用先导型减压阀时，类似溢流阀的远程或多级调压方法，可以获得二级或多级减压。图 4-29（b）所示为利用先导型减压阀 3 的远程控制口接一远程调压阀 4 获得二级减压回路。与溢流阀类似，应注意阀 4 的调定压力要低于阀 3 的调定压力值，否则无效。

为了使减压回路工作可靠，减压阀的调定压力应在调压范围内，一般不小于 0.5 MPa，中低压系统的最高调定压力至少比系统压力低 0.5 MPa，中高压系统的约低 1 MPa。当减压回路中的执行元件需要调速时，应将调速元件放在减压阀之后，因为在减压阀起减压作用的同时，有一小部分油液会从先导阀流回油箱。调速元件放在减压阀的后面，则可避免这部分流量对执行元件速度的影响。

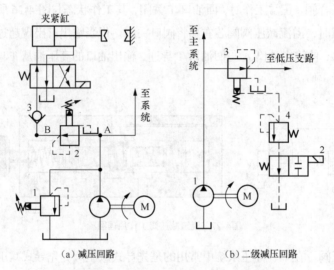

（a）减压回路　　　　　　　　（b）二级减压回路

1—溢流阀；2—减压阀；3—单向阀；4—远程调压阀。

图4-29　减压回路和二级减压回路

四、压力继电器及其应用

压力继电器是一种将油液的压力信号转换成电信号的电液控制元件。它由机械压力—位移转换部件和电器微动开关 2 部分组成。当油液压力达到压力继电器的调定压力时，它发出电信号，以控制电磁铁、电磁离合器、继电器等元件动作，实现程序控制并起安全作用。例如，当切削过大时实现自动退刀；润滑系统发生故障时，实现自动停车；刀架移动到指定位置碰到死挡铁时，实现自动退刀；达到预定压力时，使电磁阀顺序动作；外界负载过大时，断开液压泵电动机的电源等。

压力继电器按结构特点大体可分为柱塞式、弹簧管式、膜片式和波纹管式 4 种类型，不论哪种类型的压力继电器都是利用油液压力来克服弹簧力，使微动开关动作，发出电信号的。改变弹簧的预压缩量就能调节压力继电器的动作压力。下面介绍常用的柱塞式压力继电器的结构及工作原理。

图 4-30（a）所示为柱塞式压力继电器。压力油通过控制口作用在柱塞 1 左端，当压力达到调

整值时，使柱塞 1 克服调压弹簧 2 的作用力而向右移动，弹簧座 4 带动机械结构压下微动开关 5 的触头，开关发出电信号给电气系统。调节螺钉 3 可以改变调压弹簧 2 的压紧力，从而改变发出电信号时的调定压力。如图 4-30 所示，当油压下降到一定值时，弹簧 2 将弹簧座 4 压回，微动开关 5 松开复位。一般称压下微动开关 5 的油液压力为动作压力，松开微动开关 5 的油液压力为复位压力。其差值称为通断调节区间（也叫返回区间），它由柱塞 1 等和接触壁面的摩擦力来决定，可以设置装置来调节。返回区间应有的值应足够大，否则系统压力波动时，会使压力继电器频繁误动作。

图 4-30（c）为压力继电器图形符号。

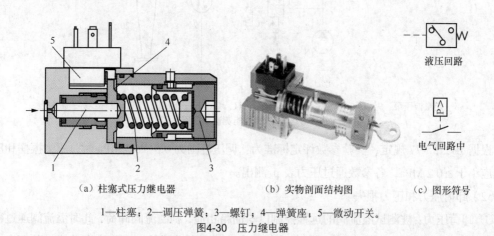

（a）柱塞式压力继电器　　　　　（b）实物剖面结构图　　　　（c）图形符号

1—柱塞；2—调压弹簧；3—螺钉；4—弹簧座；5—微动开关。

图4-30　压力继电器

观察与实践

拆装溢流阀、顺序阀、减压阀，仔细观察它们的结构，注意它们结构上的区别。

溢流阀的性能测试实验如下。

1. 实验目的

本实验主要测试溢流阀的 3 项静态特性：调压范围和压力稳定性、卸荷压力和压力损失、启闭特性。通过实验，了解溢流阀的静态性能，掌握其测试方法，并加深对溢流阀工作原理、工作过程的理解。

2. 实验设备和液压系统原理图

本实验在 QCS003B 液压教学实验台上进行。其液压系统原理如图 4-31 所示，先导型溢流阀 14 为被测对象。

3. 实验内容和原理

（1）调压范围和压力稳定性。

① 调压范围：调压弹簧在规定的范围内调节时，压力能平稳地上升和下降，且无突跳和迟滞现象时的最大和最小调定压力。

② 压力稳定性：衡量压力稳定性的主要指标是调压范围内压力振摆（在稳定工况下调定压力的波动值）和压力偏移（在一分钟内调定压力值的偏移量）的大小。

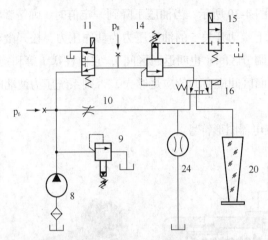

8—定量液压泵；9、14—溢流阀；10—节流阀；11、15、16—电磁阀；20—量杯；24—流量表。
图4-31　溢流阀性能测试液压原理图

根据 JB2135-77 规定，实验参数评定标准为：调压范围为 0.5～6.3 MPa 时，压力振摆和压力偏移值应小于 ± 0.2 MPa，各参数通过压力表 p_8 测出。

（2）卸荷压力和压力损失。

① 卸荷压力：被测试溢流阀的远程控制口与油箱相通，则溢流阀卸荷，此时溢流阀通过额定流量（实验中把泵的输出流量，即实验流量当做额定流量）所造成的压力损失即称为卸荷压力。

② 压力损失：被测试溢流阀的调压手柄完全放松时，阀通过实验流量时所产生的压力降即为压力为损失。

实验参数评定标准为：卸荷压力应小于 0.2 MPa，压力损失应小于 0.4 MPa。以上 2 个参数由压力表 p_8 测出。

卸荷压力及压力损失使油液流回油箱时发热，因此也反映了溢流阀卸荷时泵的功率损失。

（3）启闭特性。

① 开启压力：被测试阀在开启过程中溢流量达到额定流量（或实验流量）的 1%时的进口压力称为开启压力。

② 闭合压力：被测试阀在关闭过程中溢流量达到额定流量（或实验流量）的 1%时的进口压力称为闭合压力。

③ 启闭特性：被测试阀在稳定状态下从开启到闭合的过程中，被控压力与通过溢流阀溢流量之间的关系。

实验中，将被测试阀压力调定在调压范围的最高值，在实验流量条件下，调节系统压力，使其逐渐升高和逐渐降低，即为开启过程和闭合过程。

实验参数评定标准为：额定压力为 6.3 MPa 级的溢流阀，开启压力不得小于 5.3 MPa，闭合压力不得小于 5.0 MPa。开启压力和闭合压力越接近调定压力，溢流阀的启闭特性越好。

另外，溢流量较大时，流量用流量计测量；溢流量较小时，用量筒测出容积的变量 ΔV，并用秒表测出时间 t，则流量为：

$$Q = \frac{\Delta V}{t}$$

4. 实验步骤如下。

（1）调压范围及压力稳定性

① 各电磁阀均置于"O"位，溢流阀 14、9 放松，节流阀 10 关闭，压力表开关 12 置于 p_6 位置。

② 启动泵 8，调节溢流阀 9，使泵的供油压力 p_6 调至比被测试阀 14 的最高调节压力（6.3 MPa）高 10%，即 6.9～7 MPa。

③ 将压力表开关 12 置于 p_6 位置，使换向阀 11 通电，调节被测试阀 14 的压力至 6.3 MPa，用流量计算出通过阀 14 的溢流量，此流量即为实验流量。

④ 调节阀 14 的调压手柄，使其从全开变为全闭，再从全闭变为全开，通过压力表 p_8 观察压力上升与下降过程，压力是否平稳，是否有突变或滞后现象，测出调压范围。

⑤ 调节阀 14，在调压范围内，设定 5 个压力值，其中包括 6.3 MPa，用压力表 p_8 测出最大压力波动值，即压力振摆值。

⑥ 调节阀 14 的压力至 6.3 MPa，用压力表测出 1 min 内的压力偏移值。

（2）卸荷压力和压力损失。

① 压力表开关 12 转至"0"位，电磁阀 15 通电，阀 14 的远控制口 K 直接通油箱，此时阀 14 卸荷。再将压力表开关 12 置回 p_8 位置，此时压力表 p_8 显示的值为卸荷压力（阀 14 后油管流量计等阻力很小，忽略不计）。

② 电磁阀 15 断电，此时阀 14 通过实验流量，调节阀 14 的调压手柄至全松位置，用压力表 p_8 测出阀的压力即为压力损失。

（3）启闭特性。

① 调节阀 14 的调压手柄，使阀 14 的压力达 6.3 MPa，锁紧其调压手柄，此时通过阀 14 的流量为实验流量。

② 逐渐放松溢流阀 9，使系统压力按设定压力逐渐降低，直到阀 14 停止溢流（溢流量呈断线状时当作停止）为止。记下被测试阀 14 相应的压力（由压力表 p_6 测出）和溢流量（大流量由流量计测出、小流量由电磁阀 16 转为量筒测出）。

③ 反向调节阀 9，使系统压力按设定压力测试点逐渐升高，从阀 14 的溢流量呈线性流状起，一直升到 6.3 MPa，记下各压力测定值下相应的溢流量。

④ 溢流阀 14、9 放松，电磁阀均置于"0"位，压力表开关置于"0"位，节流阀 10 打开，关闭油泵。

　　在调节阀 14 的压力过程中，从高到低或从低到高的整个过程中，只准向一个方向旋转阀 9 的调压手柄，不能反调，否则将使测试的数据出现误差。

5. 实验数据记录

实验条件：被测阀型号＿＿＿＿＿＿＿，油温＿＿＿＿℃，实验日期＿＿＿＿＿＿

	设定压力（MPa）							
闭合特性	ΔV（mL）							
	T（s）							
	溢流量 $Q = \dfrac{\Delta V}{t} \times 60$（mL/min）							
开启特性	设定压力（MPa）							
	ΔV（mL）							
	t（s）							
	溢流量 $Q = \dfrac{\Delta V}{t} \times 60$（mL/min）							

项　　目	调压范围	压力稳定性		卸荷压力	压力损失
		压力振摆	压力偏移		
实验数据（MPa）					

根据实验测得数据作被测试阀的启闭特性曲线。

6. 思考题

（1）溢流阀的开启压力和闭合压力各是多少？开启压力为何高于闭合压力？

（2）溢流阀的启闭特性有何实用意义？启闭特性的好坏对使用性能（如调压范围、压力稳定性、系统压力波动等方面）有何影响？

思考与练习

（1）溢流阀有哪些用途？

（2）为什么减压阀的调压弹簧腔要接油箱？如果把这个油口堵死，会出现什么问题？

（3）从结构原理图及图形符号上说明溢流阀、顺序阀和减压阀的异同点及各自的用途？

（4）图 4-32 所示的两个系统中，各溢流阀的调整压力分别为 p_A=4.5 MPa，p_B=3 MPa，p_C= 1.5 MPa。若系统的外负载趋于无限大，泵的工作压力各为多大？

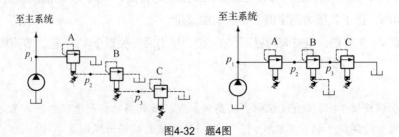

图4-32　题4图

（5）如图 4-29 所示，若溢流阀的调速压力为 5 MPa，减压阀的调整压力为 1.5 MPa，试分析活塞在运动时和碰到死挡铁后停止时，管路中 A、B 处的压力值（主油路截止，运动时液压缸左腔的压力为 0.5 MPa）。

（6）当将普通顺序阀的出油口与油箱连通时，顺序阀能否当溢流阀用？

（7）采用顺序阀的多缸顺序动作回路，其顺序阀的调整压力应低于还是高于先动作液压缸的最大工作压力？

（8）图 4-33 所示的平衡回路中，若液压缸无杆腔面积 $A_1=100 \times 10^{-4} m^2$，有杆腔面积 $A_2=50 \times 10^{-4} m^2$，活塞与运动部件的自重 $G=6\,000$ N，运动时活塞上的摩擦阻力 $F_f=2\,000$ N，向下运动时要克服负载阻力 $F_L=26\,000$ N。试求顺序阀及溢流阀的最小调整压力应各为多少？

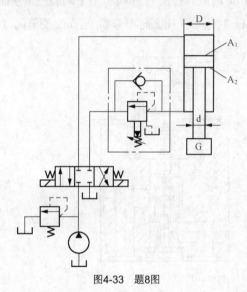

图4-33 题8图

流量控制阀及节流调速回路

在液压系统中，当执行元件的有效面积一定时，执行元件的运动速度取决于输入执行元件的流量。用来控制油液流量的液压阀，统称为流量控制阀，简称流量阀，常用的流量阀有节流阀、调速阀等。

【知识目标】

（1）掌握节流阀、调速阀的原理和结构。

（2）掌握节流调速回路的工作原理及应用场合。

【能力目标】

（1）熟悉节流阀、调速阀的职能符号的含义。

（2）能正确使用各种节流调速回路。

一、节流阀

1. 节流阀的结构、工作原理

节流阀是依靠改变节流口的大小来调节通过阀口的流量,节流口有轴向三角槽式、偏心式、针式、环隙式、轴隙式等形式。图4-34所示为一种节流阀的结构和图形符号。这种节流阀采用的是轴向三角槽式节流口，压力油从进油口 P_1 流入孔道 B 和阀芯 1 下端的三角槽而进入孔道 A，再从油口 P_2 流出。调节手轮3，可通过推杆2使阀芯1做轴向移动，进而改变节流口的过流断面积以调节流量。

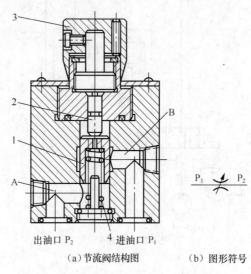

（a）节流阀结构图   （b）图形符号

1—阀芯；2—推杆；3—手轮；4—弹簧。

图4-34 节流阀

2. 节流阀的性能

当流量阀的过流断面积调定后，常要求通过节流孔截面积 A 的流量 Q 能保持稳定不变，以使执行机构获得稳定的速度。实际上，当节流阀的过流断面积调定后，根据小孔流量通用公式 $Q = KA\Delta p^m$ 可知，还有许多因素影响着流量的稳定性（如图 4-35 中的曲线 1 所示）。

（1）Δp 对流量的影响   节流阀两端压力差 Δp 和通过它的流量有固定的比例关系。压差越大，流量越大；压差越小，流量越小。

（2）温度对流量的影响   油温直接影响到油液的黏度。黏度增大，流量变小；黏度减小，流量变大。

（3）孔口形状对流量的影响   节流阀的节流口可能因油液中的杂质或油液氧化后产生的胶质、

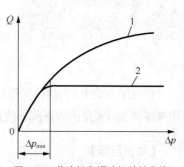

图4-35 节流阀和调速阀特性曲线

沥青等胶状颗粒而产生局部堵塞，使流量发生变化。尤其当开口较小时，这一影响更为突出，严重时会使节流口完全堵塞。因此，节流口的抗堵塞性能也是影响流量稳定性的重要因素，其会影响流量阀的最小稳定流量，一般流量控制阀的最小稳定流量约为 0.05 L/min。

3. 节流阀的特点

节流阀的结构简单、体积小、使用方便、成本低，但对负载、温度变化敏感，流量稳定性较差，因此只适用于负载和温度变化不大或对速度稳定性要求不高的场合。

二、调速阀

1. 调速阀的结构、工作原理

调速阀是节流阀和定差减压阀的组合阀。定差减压阀可以保证节流阀前后压差在负载变化时始终不变，这样通过节流阀的流量只由其开口大小决定，从而消除了负载变化对速度的影响。

图 4-36（c）为调速阀的工作原理图。调速阀是节流阀 2 和定差减压阀 1 串接构成的。设调速阀进油口的油液压力为 p_1，它作用于定差减压阀阀芯的左侧。经过节流阀 2 输出的压力为 p_2，它作用在减压阀阀芯的右侧。这时作用在减压阀阀芯左、右两端的力分别为 $p_1 A$ 和 $p_2 A + F_s$，其中 A 为阀芯端面的面积，F_s 为定差减压阀 1 右侧弹簧的作用力。当阀芯处于平衡状态时（忽略摩擦力），则有：

$$p_2 A + F_s = p_1 A$$

即：

$$\Delta p = p_1 - p_2 = F_s / A$$

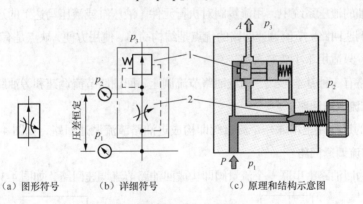

（a）图形符号　　　（b）详细符号　　　（c）原理和结构示意图

1—定差减压阀；2—节流阀。

图4-36　调速阀

由于定差减压阀弹簧的刚度较低，且工作过程中阀芯的移动量很小，可以认为 F_s 基本不变，所以节流阀 2 两端压差基本保持不变。这样不管调速阀进、出油口的压力如何变化，由于调速阀内的节流阀前后的压力差 Δp 始终保持不变，所以也就保证了通过节流阀流量 Q（$Q = KA\Delta p^m$）不变，即保证了调速阀输出流量的稳定。

图 4-36（a）、（b）为调速阀的图形符号。

2. 调速阀的性能、用途

调速阀的流量特性如图4-35的曲线2所示。可见，其流量为一直线，保持稳定不变。调速阀性能上的改进是以加大整个流量控制阀的压力损失为代价的。当压差过小时，减压阀的阀口全开，无法起到恒定压差的作用。所以要保证调速阀正常工作，工作压差一般最小需 0.5 MPa，高压调速阀则需 1 MPa。在选择调速阀时，还应注意调速阀的最小稳定流量应小于执行元件所需的最小流量。

对速度稳定性要求高的系统，还有一种温度补偿调速阀。这种阀中有一根热膨胀推杆，当温度升高时其受热伸长使阀口关小，补偿了因油变稀易流造成的流量增加。

图4-37　节流阀、调速阀实物图

调速阀适用于负载变化较大和对速度平稳性要求较高的系统，如组合机床、车床等金切机床常用调速阀调速。

部分流量阀（节流阀和调速阀）实物如图 4-37 所示。

三、节流调速回路

在定量泵供油的液压系统中，用流量阀对执行元件（液压缸或液压马达）的运动速度进行调节的回路称为节流调速回路。节流调速回路的优点是结构简单，使用方便，缺点是有较大的节流损失，发热多、效率低，只适用于小功率系统。

节流调速回路有 3 种基本形式，即进油路节流调速、回油路节流调速和旁油路节流调速。

1. 进油路节流调速回路

在执行元件的进油路上串联一个流量阀即构成进油路节流调速回路，如图 4-38 所示。

2. 回油路节流调速回路

在执行元件的回油路上串联一个流量阀即构成回油路节流调速回路，如图 4-39 所示。

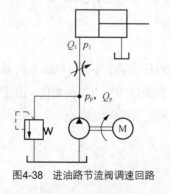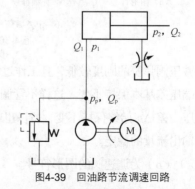

图4-38　进油路节流阀调速回路　　　　　图4-39　回油路节流调速回路

在进、回油路节流调速回路中，定量泵的压力由溢流阀调定，液压缸的速度由流量阀开口大小来控制，泵多余的流量由溢流阀溢回油箱。

（1）进、回油路节流调速回路的速度—负载特性曲线。

回油路节流调速回路的速度—负载特性曲线，如图 4-40 所示。它反映了速度随负载变化而变化的关系。图中第 1、2、3 条曲线分别为不同的节流阀通流面积分别为 A_1、A_2、A_3（$A_1 > A_2 > A_3$）时的一组曲线。曲线越陡，说明负载变化对速度的影响越大；曲线越平，说明速度刚性越好。

由图 4-40 可以得出如下结论。

① 液压缸的运动速度 v 和节流阀通流面积 A 成正比。调节 A 可实现无级调速。这种回路的调速范围较大（最高速度与最低速度之比可高达 100）。

② 当 A 调定后，速度随负载的增大而减小，故这种调速回路的速度—负载特性软，即速度刚性差。其重载区域比轻载区域的速度刚度差。

③ 在相同的负载条件下，通流面积大的节流阀比通流面积小的节流阀速度刚性差，即速度高时的速度刚性差。

④ 最大负载时，活塞停止运动，流量为零，无论节流阀的通流面积 A 是大还是小，缸压即泵压相等，故回路的最大承载能力 $F_{\max} = p_p A_{缸}$ 相同。

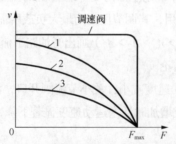

图4-40　进、回油路节流调速回路速度—负载特性曲线

根据以上分析可知，这种调速回路既有节流损失、又有溢流损失，效率较低。在轻载、低速时有较高的速度刚度，故适用于低速、轻载的场合。

（2）进、回油路节流调速回路的不同点主要包括以下几方面。

① 回油路节流调速回路平稳性好。流量阀阻力能使回油路上产生背压，使液压缸运动平稳。而且速度越快，背压越高，因此具有承受负值负载的能力。在负值负载作用下，不会出现失控而造成前冲。

② 进油路节流调速回路压力控制方便。进油路节流调速回路中，进油腔的压力将随负载的变化而变化。当工作部件碰到死挡铁而停止时，其压力升高并能达到溢流阀的调定压力。利用这一压力变化，可在流量阀和油缸之间设置压力继电器，用来方便地实现压力控制。

③ 进油路节流调速回路启动性能好。停车后，液压缸油腔内的部分油液会流回油箱。当重新启动泵向液压缸供油时，对于回油节流调速回路，液压泵输出的流量会全部进入液压缸，从而造成活塞前冲现象；而在进油节流调速回路中，进入液压缸的流量总是受到节流阀的限制，故活塞前冲很小，甚至没有前冲。

④ 进油路节流调速回路稳定工作速度可更低。对于单出杆缸，$v_1 = Q/A_1$，$v_2 = Q/A_2$。由于无杆

腔的有效工作面积 A_1 大于有杆腔面积 A_2，在相同的最小流量时，$v_1 < v_2$。

为了提高回路的综合性能，实际中多采用进油路调速，并在回油路上加背压阀，以提高运动的平稳性。

3. 旁油路节流调速回路

在执行元件并联的旁油路上接一个流量阀即构成旁油路节流调速回路，如图 4-41（a）所示。

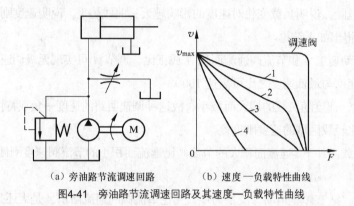

（a）旁油路节流调速回路　　　（b）速度—负载特性曲线

图4-41　旁油路节流调速回路及其速度—负载特性曲线

用节流阀调节流回油箱的流量，间接控制了进入液压缸的流量和速度。正常工作时，溢流阀不打开而用作安全阀，起过载保护作用，其调节压力为最大负载所需压力的 1.1～1.2 倍。

按节流阀的不同通流面积（$A_4 > A_3 > A_2 > A_1$）画出旁油路节流阀的速度—负载特性曲线，如图 4-41（b）所示。由图可得出如下结论。

① 增大节流阀开口，活塞运动速度减小；关小节流阀开口，活塞运动速度增加。

② 当节流阀开口一定时，负载增加时活塞运动速度显著下降，其速度—负载特性比进、回油路调速更软。

③ 节流阀开口开大且活塞运动处于低速时［见图 4-41（b）中的曲线 4］，其最大负载减小，即旁油路节流调速的低速承载能力很差，调速范围很小；节流阀开口减小且活塞运动处于高速时［见图 4-41（b）中的曲线 1］，曲线较平，其最大负载较大，即旁油路节流调速的高速刚度较好，与前两种回路相反。

④ 液压泵出口压力等于缸的工作压力，其随负载的变化而变化。回路中只有节流损失，无溢流损失，因此这种回路的效率较高，发热小。

由于以上特点，旁油路节流调速回路适用范围较前两种回路小，只宜用在负载变化小，对运动平稳性要求低的高速、较大功率场合，例如牛头刨床的主运动传动系统、输送机械的液压系统等。

观察与实践

（1）拆解和组装节流阀与调速阀，观察节流口的形状，分析调速阀与节流阀的区别。

（2）搭建 3 种节流调速回路，注意流量阀的位置。

思考与练习

（1）节流阀的最小稳定流量的物理意义是什么？影响其稳定性的因素主要有哪些？

（2）节流阀与调速阀有何区别？分别应用于什么场合？

其他基本回路的分析

为满足液压系统中，各种不同工作情况的要求，除前面学习过的液压基本回路，本任务中我们将学习其他速度控制回路、卸荷回路和保压回路以及多缸工作控制回路。

【知识目标】

（1）掌握其他速度控制回路的工作原理。

（2）掌握卸荷回路和保压回路的工作原理。

（3）掌握多缸工作控制回路的工作原理。

【能力目标】

（1）能正确分析其他速度控制回路。

（2）能正确分析卸荷回路和保压回路。

（3）能正确分析多缸工作控制回路。

一、其他速度控制回路

1. 容积调速回路

节流调速有较大的节流损失，且发热大、效率低，不宜用于大功率系统。容积调速回路是根据系统的需要改变泵或电机的流量来实现调速的。根据调节对象不同，容积调速有 4 种组合形式。这些调速回路的共同优点是没有节流损失和溢流损失，因而效率高，油液温升小，适用于高速、大功率调速系统。其缺点是变量泵和变量电机的结构较复杂，成本较高。

根据油路的循环方式不同，容积调速回路可以分为开式回路和闭式回路 2 种。在开式回路中，液压泵从油箱吸油，液压执行元件的回油直接排回油箱。这种回路结构简单，油液在油箱中可以得到很好的冷却，并能够使杂质沉淀。但油箱体积较大，由于油液和空气接触，使空气容易侵入系统。在闭式回路中，油液从执行元件排出后，直接流入泵的进油口。这样，油液在循环过程中不与空气接触，吸油路保持压力，从而减少了空气侵入系统的可能性。为了补偿泄漏以及液压泵进油口与执行元件排油口的流量差，常采用一个较小的辅助泵。但闭式回路冷却条件较差，温升大，对过滤精度要求高，结构也较复杂。

（1）变量泵和定量液压缸组成的容积调速回路　图 4-42 所示为变量泵和液压缸组成的开式容积调速回路。改变变量泵 1 的排量即可调节液压缸 5 的运动速度。单向阀 2 在泵停止工作时可防止缸中油液流出而带入空气。安全阀 3 限制回路的最大压力，起过载保护作用。背压阀 6 的作用是使运动平稳。

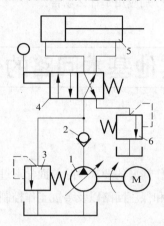

1—变量泵；2—单向阀；3—安全阀；4—换向阀；5—液压缸；6—背压阀。
图4-42　变量泵—液压缸容积调速回路

（2）变量泵和定量电机组成的容积调速回路　图 4-43 所示为变量泵和定量电机组成的闭式容积调速回路。溢流阀 3 起安全作用，用来防止系统过载。为补充泵和液压马达的泄漏，同时置换部分已发热的油液，小补油泵 1 将冷油输入回路，溢流阀 5 溢出多余热油。若不计损失，则电机的转速、转矩、功率分别为：

$$n_M = Q_p / V_M$$
$$T_M = \Delta p_M \cdot V_M / (2\pi)$$
$$P = \Delta p_M \cdot V_M \cdot n_M = \Delta p_M \cdot Q_p$$

因为液压马达的排量为定值，故调节变量泵的流量 Q_p 即可对电机的转速 n_M 进行调节。由于系统工作压力 Δp_M 由负载决定，不因调速而变，所以这种调速方式称为恒转矩调速。

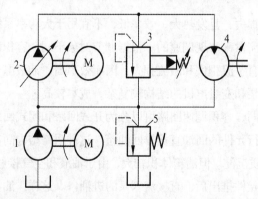

1—补油泵；2—变量泵；3、5—溢流阀；4—定量电机。
图4-43　变量泵—定量电机容积调速回路

（3）定量泵和变量电机组成的容积调速回路　图 4-44 所示为定量泵和变量电机组成的闭式容积调速回路。定量泵 2 的输出流量 Q_p 不变，液压马达的转速 $n_M = Q_p/V_M$，改变电机的排量 V_M 即可调节电机的转速。电机的输出转矩 T_M 与电机的排量 V_M 成正比。由于系统工作压力 Δp_M 和定量泵的流量不因调速而变，故电机的输出功率恒定不变，所以这种调速方式称为恒功率调速。

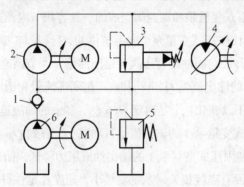

1—单向阀；2—定量泵；3—安全阀；4—变量电机；5—溢流阀；6—补油泵。
图4-44　定量泵—变量电机容积调速回路

（4）变量泵和变量电机组成的容积调速回路　图 4-45 所示为双向变量泵和双向变量电机组成的闭式容积调速回路。变量泵 2 正向或反向供油，电机也相应正向或反向旋转，单向阀 5 和 6 使溢流阀 8 在两个方向都能起过载保护作用。单向阀 3 和单向阀 4 用于使补油泵 9 双向补油。

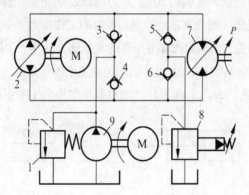

1—溢流阀；2-双向变量泵；3、4、5、6—单向阀；7—双向变量电机；8—溢流阀；9—补油泵。
图4-45　变量泵—变量电机容积调速回路

这种调速回路在低速时可将变量液压马达的排量调为最大，具有较大转矩，其只通过改变泵的排量 V_p 来调速，性能同变量泵和定量电机组成的回路。在高速时，其将变量泵的流（排）量固定在最大，有较高的转速，共只通过改变电机的排量 V_M 调速，性能同定量泵和变量电机组成的回路。

由以上分析可知，这种调速回路是上述 2 种调速回路的组合，适用于要求调速范围大、低速时要求大转矩、高速时要求恒功率，且工作效率高的设备，如各种行走机械、牵引机械等大功率设备。

2. 容积节流调速回路（联合调速）

容积调速回路具有效率高、发热小的优点。但是，随着负载的增加，液压泵或液压马达的泄漏也会增加，于是速度发生变化，尤其是低速时速度稳定性较差。因此，有些设备如机床的进给系统为了满足速度稳定性的要求，同时减少发热，常采用容积节流调速回路。

容积节流调速回路采用变量泵供油，同时用流量阀改变进入液压缸的流量。变量泵的供油量自动地与液压缸所需的流量相适应，没有溢流损失，但有节流损失。这种回路的特点是效率比节流调速回路高、发热小，速度稳定性比容积调速回路好。它常用在调速范围大的中、小功率场合。

图 4-46（a）所示为限压式变量泵和调速阀组成的一种容积节流调速回路。调速阀 3 装在进油路上（也可装在回油路上），由限压式变量泵 1 向系统供油，行程阀 5 被压下时转为慢速工进。压力油经调速阀 3 进入液压缸工作腔，回油经背压阀 6 返回油箱。调节调速阀 3 便可改变进入液压缸的流量 Q_1，而限压式变量泵 1 的输出流量 Q_p 自动和液压缸所需流量相适应。若关小调速阀，则 Q_1 减小，在这一瞬间泵的流量来不及变化，于是出现 $Q_p > Q_1$，多余的油液迫使泵的供油压力升高，从而通过泵的变量机构迫使限压式变量泵 1 的输出流量自动减小，直到 $Q_p=Q_1$ 为止。反之，开大调速阀时，将出现 $Q_p < Q_1$，从而会使限压式变量泵 1 的输出油液压力降低，输出流量自动增加，直至 $Q_p=Q_1$ 为止。由此可见，这种回路没有溢流损失，系统发热小，速度稳定性好。

图 4-46（b）所示为这种调速回路的特性曲线。曲线 1 为限压式变量泵的输出压力—流量特性曲线，曲线 2 是调速阀在某一开口时的压力—流量特性曲线，a 点为液压缸的工作点，b 点为液压泵的工作点，泵的供油量和通过调速阀的流量均为 Q_1，泵的工作压力为 p_p，缸的工作压力为 p_1，Δp 是调速阀两端的压力差，$\Delta p_{min}=p_p-p_{1max}$，$\Delta p_{min}$ 为保持调速阀正常工作的最小压力差。一般，中压调速阀的 Δp_{min} 为 0.5 MPa，高压调速阀的 Δp_{min} 为 1.0 MPa。若缸的工作压力 $p_1 < p_{1max}$，液压泵的输出流量不会随压力变化而变化，则活塞速度稳定。若缸的工作压力 $p_1 > p_{1max}$，随着压力的升高，调速阀的压差将小于最小压力差，则调速阀和液压泵的流量随之减小，使活塞运动速度不稳定。若 Δp 过大，则压力损失大，油液容易发热；Δp 过小，则运动速度不稳定。因此，要合理调整泵的工作压力曲线的 BC 段，使 Δp 接近于 Δp_{min}，则限压式变量泵功率损失（图中阴影面积）为最小。

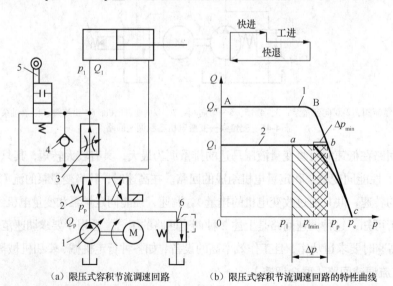

（a）限压式容积节流调速回路　　　　（b）限压式容积节流调速回路的特性曲线

1—限压式变量泵；2—换向阀；3—调速阀；4—单向阀；5—行程阀；6—背压阀。

图4-46　限压式容积节流调速回路

3. 快速运动回路

快速运动回路的作用是使液压执行元件在空行程时获得快速运动，以提高系统的工作效率。

（1）液压缸差动连接的快速运动回路　图 4-47 所示回路是利二位三通电磁换向阀实现液压缸差动连接的快速运动回路。在这种回路中，当电磁铁 1YA 通电而 3YA 断电时，阀 4 连接液压缸左、右腔，并同时接通压力油，使液压缸形成差动连接而做快速运动。当 3YA 通电（1YA 仍通电）时，差动连接被切断，液压缸的回油经过调速阀 5、电磁换向阀 3 流回油箱，从而实现工进。当 2YA、3YA 通电，1YA 断电时，压力油经阀 3、单向阀 6、阀 4 进入液压缸右腔，左腔的油经阀 3 流回油箱，从而实现快退。这种连接方式可在不增加液压泵流量的情况下提高液压缸的运动速度。但要注意，泵的流量和有杆腔排出的流量汇合在一起进入无杆腔。因此，应按差动时的较大流量来选择有关阀和管道的规格，否则会使液体流动的阻力过大。

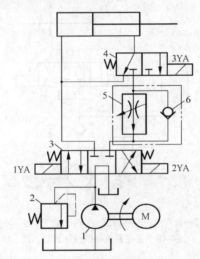

1—定量泵；2—溢流阀；3、4—电磁换向阀；5—调速阀；6—单向阀。

图4-47　液压缸差动连接的快速运动回路

（2）双泵供油的快速运动回路　图 4-48 所示为双泵供油的快速运动回路，图中 2 为大流量泵，1 为小流量泵。当空载快速运动时，泵 2 输出的油液经单向阀 4 与泵 1 输出的油液汇合，共同向系统供油，实现快速运动。当工作进给时，系统压力升高。打开卸荷阀 3（液控顺序阀）使泵 2 卸荷，由泵 1 单独向系统供油，做慢速运动，系统的压力由溢流阀 5 调整。液控顺序阀 3 在快速运动时关闭，工作进给时用于动作卸荷。它的调整压力应比快速运动所需的压力高 0.5～0.8 MPa，并低于工作进给时所需的压力。这种回路的功率损耗小，系统效率高，应用较为普通，但系统稍复杂，可用在组合机床、注塑机等设备中。

（3）采用蓄能器的快速运动回路　图 4-49 所示为采用蓄能器的快速运动回路。采用蓄能器的目的是用流量较小的液压泵实现快速运动。当系统停止工作时，换向阀 5 处于中位，这时泵输出的油液经单向阀 2 向蓄能器 4 供油。当蓄能器 4 的油压达到液控顺序阀 3 的调定值时，液控顺序阀 3 被打开，使液压泵卸荷。当换向阀 5 动作时，泵 1 和蓄能器 4 共同向液压缸供油，从而实现快速运动。显然，快速运动的持续时间较短。

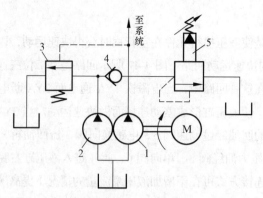

1—高压小流量泵；2—低压大流量泵；3—卸荷阀；4—单向阀；5—溢流阀。

图4-48　双泵供油的快速回路

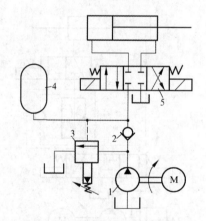

1—泵；2—单向阀；3—卸荷阀；4—蓄能器；5—换向阀。

图4-49　采用蓄能器的快速运动回路

4. 速度转换回路

速度转换回路的作用是使液压执行元件在一个工作循环中从一种运动速度变换到另一种运动速度，包括快速到慢速的转换，也包括两个慢速之间的转换。在转换过程中，要求速度变化平稳。

（1）快速与慢速的转换回路　能够实现快速与慢速切换的方法很多，前面的图4-46所示为采用行程阀来实现快慢速切换的回路。在图示状态下，泵输出的油液经行程阀5进入液压缸的左腔，工作部件实现快速运动。当运动部件的挡铁压下行程阀5时，行程阀5关闭，油液必须通过调速阀3才能进入液压缸的左腔，因而工作运动部件由快速运动转换成工作进给。当换向阀2的电磁铁通电时，液压缸的左腔的油液经单向阀4流出，工作运动部件实现快速退回运动。这种采用行程阀的快慢速切换回路，转换过程比较平稳，转换点的位置比较准确，但行程阀必须安装在运动部件附近，管道连接较为麻烦。实际上，常将阀3、4、5做成一个组合阀，叫做单向行程调速阀。

图4-50所示的回路，是采用电磁换向阀4与调速阀5并联的快、慢速转换回路。当3YA通电时，进出有杆腔的油液经过换向阀4，实现快速进给；当运动部件上的挡铁压下行程开关使3YA断电时，阀4断开，油液经过调速阀进入油缸，实现慢速工进。用行程开关、挡铁调节行程比较方便，电磁换向阀4的安装位置不受限制，换接迅速，但速度转换平稳性较差。

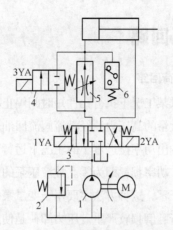

1—泵；2—溢流阀；3、4—换向阀；5—调速阀；6—压力继电器。

图4-50 采用电磁阀的快慢速转换回路

（2）两种慢速的转换回路。

① 串联调速阀的慢速转换回路 图 4-51 所示为串联调速阀的慢速转换回路。当电磁铁 1YA 通电时，压力油经调速阀 3 和二位二通电磁阀 5 进入液压缸左腔，此时调速阀 4 被短接，进给速度由调速阀 3 控制，从而实现第一种进给速度。当电磁铁 1YA 和 3YA 同时通电时，压力油先经调速阀 3，再经调速阀 4 进入液压缸左腔，速度由调速阀 4 控制，从而实现第二种进给速度。在这种回路中，调速阀 4 的开口必须小于调速阀 3 的开口。这种回路的速度切换较平稳，但由于油液经过 2 个调速阀，所以能量损失较大。这种回路可用在组合机床中实现二次进给。

② 并联调速阀的慢速转换回路 图 4-52 所示为并联调速阀的慢速转换回路。当电磁铁 2YA 断电时，油液流量由调速阀 2 控制，实现第一种进给速度；当电磁铁 2YA 通电时，油液流量由调速阀 3 控制，实现第二种进给速度；当电磁铁 1YA 通电时，还可实现快速进给。

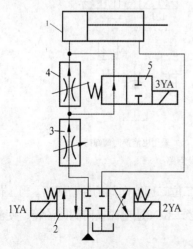

1—液压缸；2、5—换向阀；3、4—调速阀。

图4-51 调速阀串联的慢速转换回路

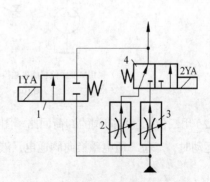

1、4—换向阀；2、3—调速阀。

图4-52 调速阀并联的慢速转换回路

二、卸荷回路和保压回路

1. 执行元件不需要保压的卸荷回路

在设备的工作循环中，常要求某工况下执行元件短时间停止动作。如果在这种工况下泵仍以原来的压力和流量向系统供油，则大量的高压力油经溢流阀流回油箱，造成功率损失和油液发热。为减少功率损失，应使泵在空载（输出功率接近零）的工况下运行，这种工况称为卸荷。功率等于压力和流量的乘积，两者任一为零，功率损耗即为零。故液压泵的卸荷方法有流量卸荷和压力卸荷 2 种。流量卸荷是使泵的流量接近于零，这种方法主要用于变量泵，使泵仅为补偿泄漏而以最小流量运转，但泵仍处在高压状态下运行，磨损较严重。压力卸荷是使泵的输出油直接回油箱，泵在接近零压下运转。泵卸荷时还有 2 种可能的情况，一种是执行元件不需要压力油；另一种是执行元件虽不动作但保持很大的作用力，油液仍需要保持一定压力，这种工况称为保压。下面介绍几种常见的卸荷回路。

（1）用三位换向阀卸荷的回路　当滑阀中位机能为 M、H 和 K 型的三位换向阀处于中位时，泵输出的油直接回油箱，使泵卸荷。图 4-53（a）所示即为采用 M 型中位机能电磁换向阀的卸荷回路。这种方法比较简单，但不适用于一泵驱动 2 个或 2 个以上执行元件的系统，一般适用于压力较低和小流量的场合。当在压力较高、流量较大时，可使用具有缓冲功能的电液换向阀来卸荷，如图 4-53（b）所示。为提供控制油压，在回油路上增加了一个调整压力为 0.3～0.5 MPa 的背压阀或单向阀，这会使卸荷压力相应增加一些。

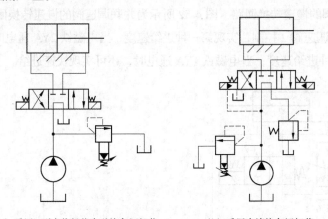

（a）采用M型中位机能电磁换向阀卸荷　　　（b）采用电液换向阀卸荷

图4-53　用三位换向阀的卸荷回路

（2）用二位二通换向阀的卸荷回路　图 4-54 所示为用二位二通换向阀的卸荷回路。当工作部件停止运动时，二位二通电磁换向阀通电，液压泵输出的油经二位二通电磁换向阀回油箱，使液压泵卸荷。

（3）用电磁溢流阀卸荷的回路　如图 4-55 所示，先导型溢流阀的远程控制口可通过二位二通电磁换向阀与油箱相通。当电磁铁 1YA 通电时，溢流阀远程控制口通油箱，这时溢流阀阀口全开，泵排出的油液全部回油箱，液压泵卸荷。这一回路中的二位二通阀只通过很少的流量，因此阀可以较前一种回路小很多。目前多采用将溢流阀和微型电磁阀组合在一起的电磁溢流阀。

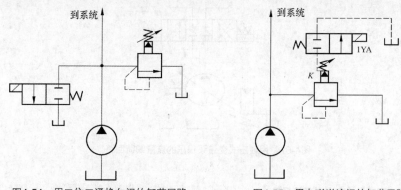

图4-54　用二位二通换向阀的卸荷回路　　　图4-55　用电磁溢流阀的卸荷回路

2.　执行元件需要保压的卸荷回路

（1）用蓄能器保压而液压泵卸荷的回路　如图4-56所示，液压泵1向系统及蓄能器4供油。当压力达到压力继电器3的调定压力时，压力继电器发出信号，使1YA电磁铁通电，液压泵卸荷，由蓄能器保持系统的压力。保压时间取决于系统的泄漏、蓄能器的容量和压力继电器的返回区间。当压力降低到压力继电器的复位压力时，压力继电器的微动开关断开，1YA断电，液压泵再次向系统和蓄能器供油。

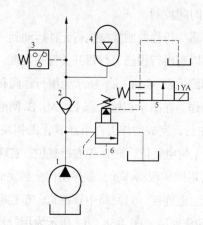

1—液压泵；2—单向阀；3—压力继电器；4—蓄能器。
图4-56　用蓄能器保压的卸荷回路

（2）用限压式变量泵保压的卸荷回路　图4-57所示为用限压式变量泵保压的卸荷回路。当活塞移动到终点停止运动后，泵压升高到最大值，使执行元件仍由泵保持一定的压力。此时泵的供油量很小，只用来补偿泵本身的内泄漏量和各阀的泄漏量，泵消耗的功率很小。从原理上讲，这种卸荷方式的泵更平稳，但泵本身要有较高的效率，否则泵即使处于卸荷状态，其磨损、功率损失也较大。

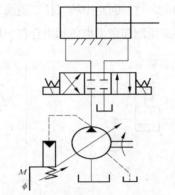

图4-57　用限压式变量泵保压的流量卸荷回路

三、多缸工作控制回路

在液压系统中，如果用一个液压源驱动多个液压执行元件按一定的要求工作时，称这种回路为多缸控制回路。注意，多个执行元件同时工作时，会因压力和流量的相互影响而在工作上彼此牵制。

1. 顺序动作回路

在多缸液压系统中，往往需要按照预先给定的动作先后次序来实现顺序动作。例如：自动车床刀架的纵、横向运动，夹紧机构的定位和夹紧运动等。按其控制原理，顺序动作回路可分为行程控制、压力控制，还可以采用电气时间控制。

（1）行程控制的顺序动作回路　行程控制就是执行元件运动到一定位置时产生一个控制信号，使下一个动作开始。行程控制可以利用行程阀、行程开关等来实现。

①行程阀控制的顺序动作回路　图 4-58（a）所示为用行程阀和电磁阀配合控制的顺序动作回路，实现①→②→③→④顺序动作。在图示初始状态下，A、B 两液压缸的活塞均处在右端。当电磁阀 1 通电左位工作时，缸 B 左行，完成动作①；当缸 B 上的挡块压下行程阀 2 后，缸 A 开始左行，完成了动作②；再使电磁阀 1 失电复位，缸 B 先右行复位，实现动作③；缸 B 右行时挡块随之后移，使阀 2 弹起复位后，缸 A 退回实现动作④，顺序动作全部完成。这种回路工作可靠，但动作顺序一经确定，再改变就要改变管道连接，且回路中管道长，布置麻烦。

② 用行程开关控制的顺序动作回路　图 4-58（b）所示为用行程开关配合电磁阀控制的顺序动作回路，实现①→②→③→④顺序动作。在图示初始状态下，A、B 两液压缸的活塞均处在右端。当阀 3 通电换向而使缸 A 左行完成动作①后，挡块正好触动行程开关 S_1，使阀 4 通电换向，缸 B 左行完成动作②；当缸 B 左行至挡块触动行程开关 S_2 时，使阀 3 断电，缸 A 退回，完成动作③；当缸 A 退回到挡块触动行程开关 S_3 时，使阀 4 断电，缸 B 返回，完成动作④；最后缸 B 挡块触动 S_4 使泵卸荷或控制其他动作，完成一个工作循环。这种回路控制灵活方便，移动行程开关、挡块位置，可调节行程大小，改变电气接线或 PLC 程序即可方便地改变动作顺序，且可利用电气互锁使动作顺序可靠。

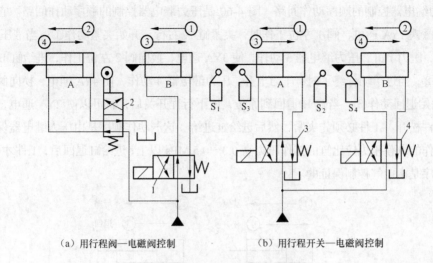

（a）用行程阀—电磁阀控制　　　　（b）用行程开关—电磁阀控制

1、2—电磁换向阀；3、4—压力电器
图4-58　行程控制的顺序控制回路

（2）压力控制的顺序动作回路　压力控制就是利用液压系统工作过程中的压力变化，来使执行元件按顺序先后动作。这是液压系统独有的控制方法。压力控制的顺序动作回路一般用顺序阀或压力继电器来实现。

① 顺序阀控制的顺序动作回路　图4-59所示为采用单向顺序阀2、3和电磁换向阀1配合的压力控制顺序动作回路。当1YA通电，换向阀1左拉接入回路时，压力油先进入液压缸A的左腔，顺序阀3关闭，实现动作①；当液压缸A的活塞行至终点后，压力上升，压力油打开顺序阀3而进入液压缸B的左腔，实现动作②；同样地，当2YA通电，换向阀1右位接入回路时，两液压缸按③和④的顺序返回。为了使顺序阀后动并防止压力脉动时发生误动作，各顺序阀的调定值应比前一个动作元件的工作压力高一定值（中压系统在0.8 MPa以上）。因此，为保持压力级差，这种回路适用于液压缸数目不多，负载变化不大的场合。

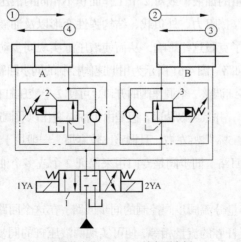

1—电磁换向阀；2、3—单向顺序阀。
图4-59　顺序阀控制的顺序控制回路

② 压力继电器控制的顺序动作回路　图 4-60 是压力继电器控制的顺序动作回路。它的动作顺序是：当电磁铁 1YA 通电，阀 1 左位工作时，夹紧缸 A 右行，开始夹紧动作①；当液压缸 A 行至夹紧终点后，压力上升，压力继电器 3 动作，使 3YA 通电，换向阀 2 左位工作，进给缸 B 右行，开始进给动作②；当进给动作终了时，压力上升，压力继电器 4 动作，使 4YA 通电，换向阀 2 右位工作，缸 B 开始退回动作③；当缸 B 退回到原位，压下行程开关后，就可以使 2YA 通电，开始松开动作④，工件松开。工件必须先夹紧，然后进给缸进给。这一动作顺序是由压力继电器保证的，压力继电器动作的调整压力应比缸的工作压力高 0.3～0.5 MPa 以上；进给缸退回后，工件才可以松开，这一动作顺序是由电气控制保证的。

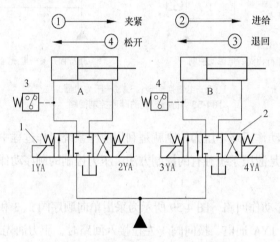

1、2—电磁换向阀；3、4—压力继电器。
图4-60　压力继电器控制的顺序控制回路

2. 同步回路

在液压系统中，有时要求 2 个或 2 个以上的液压缸在运动中保持相同的位移或相同的速度，即同步运动。例如，龙门式设备横梁的升降，轧钢机轧辊的调节都需要同步。从理论上讲，对 2 个工作面积相同的液压缸输入等量的油液，或对 2 个工作面积不相同的液压缸输入等比例的油液，即可使两液压缸同步。但泄漏、摩擦阻力、外负载、结构弹性变形以及油液中的含气量等因素，都会使流量变化。同步回路就是为了克服这些影响，从而使液压缸实现同步动作。

（1）调速阀控制的同步回路　图 4-61 所示为用调速阀控制的同步回路。2 个调速阀 4、5 分别调节两液压缸活塞的运动速度，仔细调整 2 个调速阀的开口，可使 2 个液压缸在向上工作行程时实现速度同步。这种同步回路的结构简单，并且可以调速，但是由于油温变化以及调速阀性能差异等影响，不易保证同步精度，同步精度一般在 5%～7%左右，且调整比较麻烦。一般用于对同步精度要求不高的场合。

（2）同步阀控制的同步回路　同步阀是专门用来保证 2 个或多个油路流量相等或成比例的流量控制阀，其有多种形式。

图 4-62 所示为用一种等量分流同步阀控制的同步回路。在这个回路中，等量分流同步阀 5 分配流量使进入液压缸 A 和 B 无杆腔的流量相等，便可实现两液压缸的同步伸出。分流同步阀的同步精度一般在 2%～5%左右，且能承受变载和偏载，安装使用方便。

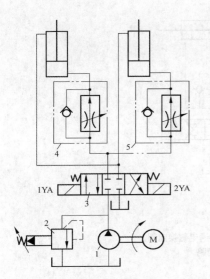

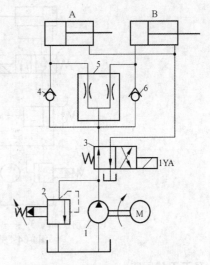

1—泵；2—溢流阀；3—换向阀；4、5—调速阀。

图4-61 调速阀控制的同步回路

1—泵；2—溢流阀；3—换向阀；4、6—单向阀；5—同步阀。

图4-62 同步阀控制的同步回路

（3）带补偿措施的串联液压缸的同步回路 图4-63所示为串联液压缸的同步回路。在这个回路中，液压缸A无杆腔的面积与液压缸B有杆腔的面积相等，一般可实现两液压缸的升降同步。为了保证严格同步，采取了补偿措施，在每一次下行运动中都消除同步误差以避免误差的积累。其原理为：当换向阀1右位工作时，B缸上腔进油，B缸下腔出油进入A缸上腔，两液压缸活塞同时下行，若缸A的活塞先运动到底，则触动行程开关 S_1 使阀4通电，接通液控单向阀3控制压力油使阀3打开，缸B下腔的油液通过液控单向阀3与阀2回油箱，使B缸活塞继续运动到底。若缸B的活塞先运动到底，它就触动行程开关 S_2 使阀2通电，压力油经阀2和液控单向阀3向缸A的上腔补油，推动缸A活塞继续运动到底，同步误差即被消除。由于缸串联，这种同步回路只适用于负载较小的液压系统。

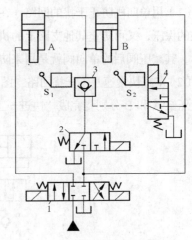

1、2、4—换向阀；3—液控单向阀。

图4-63 带补偿措施的串联液压缸的同步回路

3. 互锁回路

在多缸液压系统中，有时要求一个液压缸在运动时不允许另一个缸运动，这就是互锁。

图4-64所示为并联液压缸的互锁回路。当三位六通电磁阀5处于中位时，缸B停止，液动换向阀1液控腔经阀5中位通油箱，阀1复位接通。这时压力油可经阀1、阀2进入A缸使其工作。当缸B工作时，三位六通电磁阀5处于左位时压力油经过单向阀3，三位六通电磁阀5处于右位时压力油经过单向阀4，都可以使阀1动作，切断缸A的进油路，使缸A不能动作，从而实现了两个缸的互锁。

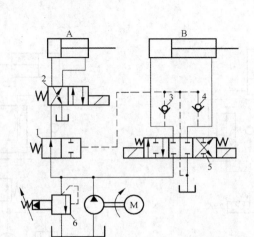

1—液动换向阀　3、4—单向阀；5—三位六通电磁换向阀。

图4-64　并联液压缸的互锁回路

4. 互不干扰回路

在一泵多缸的液压系统中，往往会由于其中一个液压缸快速运动而造成系统的压力下降，从而影响其他液压缸的工作。因此，在多缸动作回路中应注意到这一点。下面介绍几种防干扰回路。

（1）用单向阀防止干扰的回路　在分支油路的进油路上安装一个单向阀，既可实现对本支路液压缸的保压，又可防止其他支路上的执行机构动作时产生的压力降对该支路的影响，如图4-29（a）所示，其减压阀后的单向阀就是用来防止因主油路大量用油时，压力下降对夹紧油路产生影响的。

（2）多缸快慢速互不干扰回路　图4-65所示为双泵供油来实现多缸快慢速互不干扰的回路。图中液压缸A和B分别要完成"快进→工进→快退"的工作循环，电磁铁动作顺序表如表4-3所示。

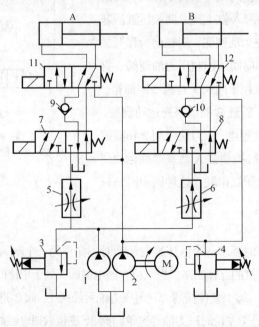

1—大流量泵；2—小流量泵；3、4—溢流阀；5、6—调速阀；7、8、11、12—两位五通换向阀；9、10—单向阀。

图4-65　双泵供油快慢速互不干扰的回路

表 4-3 电磁铁动作顺序表

电磁铁	1YA	2YA	3YA	4YA	供油泵
快进	−	−	+	+	泵 2
工进	+	+	−	−	泵 1

其工作原理为：在图 4-65 所示状态下各缸活塞处于左位停止。当阀 11、阀 12 的电磁铁通电左位工作时，各缸均由双联泵中的大流量泵 2 供油并形成差动连接做快速进给。这时若有一个液压缸（例如缸 A）先完成快速运动，则由挡铁和行程开关使阀 7 通电左位工作，阀 11 断电右位工作，此时大流量泵 2 进入缸 A 的油路被切断，而高压小流量泵 1 输出的压力油从调速阀 5 和阀 7、阀 11 进入缸 A 左腔，实现工进，速度由调速阀 5 调节，此时缸 B 仍做快进，互不影响。当各缸都转为工进后，它们全由小流量泵 1 供油。此后，若缸 A 又先完成工进，行程开关使阀 7、阀 11 均通电，缸 A 即由大流量泵 2 供油快退。当所有电磁铁皆断电时，各缸都停止运动，并被锁在原位。由此可见，快速和慢速分别由泵 2 和泵 1 供油，所以能够防止多缸的快慢速运动互相干扰。

观察与实践

（1）按图 4-46 搭建限压式容积节流调速回路，并进行回路分析。
（2）按图 4-47 搭建液压缸差动连接的快速回路，并进行回路分析。
（3）按图 4-50 采用电磁阀的快慢速转换回路，并进行回路分析。
（4）按图 4-52 调速阀并联的慢速转换回路，并进行回路分析。
（5）按图 4-53 搭建用三位换向阀卸荷的回路，并进行回路分析。
（6）按图 4-56 搭建用蓄能器保压的卸荷回路，并进行回路分析
（7）按图 4-59 搭建顺序阀控制的顺序控制回路，并分析回路。
（8）按图 4-61 搭建调速阀控制的同步回路，并分析回路。

思考与练习

1. 如图 4-66 所示，双泵供油、差动快进—工进速度换接回路有关数据如下：泵的输出流量 $Q_1=16$ L/min，$Q_2=16$ L/min，所输油液的密度 $\rho=900$ kg/m³，运动速度 v=20×10^{-6} m²/s，缸的大小腔面积 $A_1=100$ cm²，$A_2=60$ cm²，快进时的负载 F=1 kN，油液流过方向阀时的压力损失 $\Delta p_v=0.25$ MPa，连接液压缸两腔的油管 ABCD 的内径 d=1.8 cm，其中 ABC 段因较长（L=3 m），计算时需计其沿程压力损失，其他损失及由速度、高度变化形成的影响皆可忽略。

试求：①快进时液压缸速度 v 和压力表读数。②工进时若压力表读数为 8 MPa，此时回路承载能力有多大（因流量小，不计损失）？液控顺序阀的调定压力宜选多大？

2. 液压系统中常用的卸荷方法有哪些？各有什么特点？

3. 图 4-67 所示油路可实现"快进—工进—快退"工作循环。如设置压力继电器的目的是为了控制活塞换向，试问，图中有哪些错误？应如何改正？

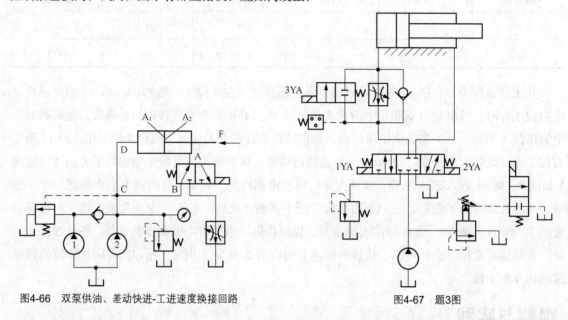

图4-66 双泵供油、差动快进-工进速度换接回路

图4-67 题3图

4. 如图 4-68 所示，A、B 为完全相同的两个液压缸，负载 $F_1 > F_2$。已知，节流阀能调节液压缸速度，且不计压力损失。试判断图 4-68（a）和图 4-68（b）中，哪个液压缸先动？哪个液压缸速度快？说明原因。

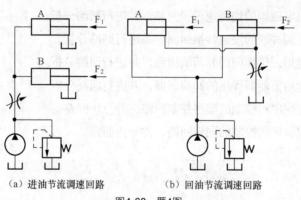

（a）进油节流调速回路   （b）回油节流调速回路

图4-68 题4图

一、填空题

1. 液压控制阀按用途不同，可分为_____、_____和_____3 大类，分别控制、调节液压系统中液流的_____、_____和_____。

2. 液压回路是能实现某种_____的液压元件的组合，是液压系统的一部分。按其功用不同，可分为＿＿＿＿＿＿＿＿＿＿、＿＿＿＿＿＿＿＿＿＿＿＿和＿＿＿＿＿＿＿＿＿＿等。

3. 液压控制阀按其连接方式不同分，有＿＿＿＿＿＿＿连接、＿＿＿＿＿＿＿连接和＿＿＿＿＿＿＿连接 3 种。

4. 阀的规格用阀进、出口＿＿＿＿＿＿＿＿＿＿表示，其单位为＿＿＿＿＿＿＿。

5. 液压阀的阀芯结构有＿＿＿＿＿＿＿＿＿、＿＿＿＿＿＿＿＿＿＿、＿＿＿＿＿＿＿＿等几种。

6. 单向阀的作用是＿＿＿＿＿＿＿＿＿＿＿＿。对单向阀的性能要求是：油液通过时，＿＿＿＿＿＿＿＿＿；反向截止时，＿＿＿＿＿＿＿＿＿＿。

7. 液控单向阀控制油的压力不应低于油路压力的＿＿＿＿＿＿＿＿＿＿＿。

8. 换向阀的作用是利用＿＿＿＿＿＿＿＿使油路＿＿＿＿＿＿＿＿或＿＿＿＿＿＿＿＿。

9. 按阀芯运动的操纵方式不同，换向阀可分为＿＿＿＿＿＿、＿＿＿＿＿＿、＿＿＿＿＿＿、＿＿＿＿＿＿换向阀；按阀芯可变位置数不同，可分为＿＿＿＿＿＿、＿＿＿＿＿＿、＿＿＿＿＿＿换向阀；按油路进、出口数目的不同，又可分为＿＿＿＿＿＿、＿＿＿＿＿＿、＿＿＿＿＿＿、＿＿＿＿＿＿。

10. 机动换向阀利用运动部件上的＿＿＿＿＿＿＿压下阀芯使油路换向，换向时其阀口＿＿＿＿＿＿＿＿，故换向平稳，位置精度高。它必须安装在＿＿＿＿＿＿＿＿＿＿＿＿的位置。

11. 电磁换向阀的电磁铁按所接电源不同，可分为＿＿＿＿＿＿和＿＿＿＿＿＿ 2 种；按衔铁工作腔是否有油液，又可分为＿＿＿＿＿＿和＿＿＿＿＿＿。

12. 电液动换向阀是由＿＿＿＿＿＿＿＿＿＿和＿＿＿＿＿＿＿＿＿＿组成的，前者的作用是＿＿＿＿＿＿＿＿；后者的作用是＿＿＿＿＿＿＿＿＿＿。

13. 液压系统中常用的溢流阀有＿＿＿＿＿＿＿和＿＿＿＿＿＿＿ 2 种，前者用于＿＿＿＿＿＿＿＿；后者宜用于＿＿＿＿＿＿＿＿。

14. 先导式溢流阀由＿＿＿＿＿＿＿＿＿和＿＿＿＿＿＿＿ 2 部分组成。这种阀尺寸＿＿＿＿＿＿＿，压力和流量的＿＿＿＿＿＿＿，但其＿＿＿＿＿＿＿＿＿＿＿不如直动式溢流阀。

15. 溢流阀的启闭特性是指溢流阀从刚开启到通过＿＿＿＿＿＿＿＿＿＿，再到闭合的全过程中，其＿＿＿＿＿＿＿＿＿＿＿＿特性。

16. 溢流阀在液压系统中，能起＿＿＿＿＿＿、＿＿＿＿＿＿＿、＿＿＿＿＿＿、＿＿＿＿＿＿＿和＿＿＿＿＿＿等作用。

17. 压力继电器是一种能将＿＿＿＿＿＿＿＿＿转变为＿＿＿＿＿＿＿的转换装置。压力继电器能发出电信号的最低压力和最高压力的范围，称为＿＿＿＿＿＿＿＿＿＿＿＿。

18. 调速阀是由＿＿＿＿＿＿＿＿与＿＿＿＿＿＿＿串联而成的。这种阀无论其进出口压力如何变化，其＿＿＿＿＿＿＿＿＿＿＿均能保持为定值，故能保证通流截面积不变时流量稳定不变。因此，调速阀适用于＿＿＿＿＿＿＿＿＿＿＿且＿＿＿＿＿＿＿＿＿＿＿＿＿＿的场合。

19. 在定量泵供油的液压系统中，用＿＿＿＿＿＿＿＿＿＿对执行元件的速度进行调节，这种回路称为＿＿＿＿＿＿＿＿。节流调速回路的特点是＿＿＿＿＿＿＿＿＿＿＿＿，故适用于＿＿＿＿＿＿＿＿＿＿系统。

20. 利用改变变量泵或变量液压马达的＿＿＿＿＿＿进行调速的回路，称为＿＿＿＿＿＿回路。容积调速回路无＿＿＿＿＿＿损失，无＿＿＿＿＿＿损失，发热小，效率高，适用于＿＿＿＿＿＿系统。

21. 液压系统实现执行机构快速运动的回路有＿＿＿＿＿＿＿＿＿＿的快速回路、＿＿＿＿＿＿＿＿＿＿的快速回路和_____的快速回路。

22. 在液压系统中，可利用_____或_____实现执行元件快速与慢速的转换。

二、选择题

1. 在液压系统原理图中，与三位换向阀连接的油路一般应画在换向阀符号的_____位置上。

A. 左格　　　　　　　B. 右格　　　　　　　C. 中格

2. 当运动部件上的挡块压下阀芯，使原来不通的油路相连通的机动换向阀应为_____。

A. 常闭型二位二通机动换向阀　　　　　B. 常开型二位二通机动换向阀

3. 大流量系统的主油路换向，应选用_____。

A. 手动换向阀　　　B. 电磁换向阀　　　C. 电液换向阀　　　D. 机动换向阀

4. 工程机械中需要频繁换向，且必须由人操作的场合，应采用_____换向。

A. 钢球定位式手动换向阀　　　　　　B. 自动复位式手动换向阀

5. 电液动换向阀中的电磁阀，应确保其在中位时的液动阀两端的控制油流回油箱，那么电磁阀的中位应是_____。

A. H 型　　　　　　B. Y 型　　　　　　C. M 型　　　　　　D. P 型

6. 当立式液压设备运动部件的自重为定值时，其立式液压缸应采用_____的平衡回路；当运动部件的重量经常变动时（如起重设备），其立式液压缸应采用_____的平衡回路。

A. 普通单向顺序阀　　　　　　　　B. 液控单向顺序阀

7. 为使减压回路可靠地工作，其最高调整压力应比系统压力_____。

A. 低一定数值　　　B. 高一定数值　　　C. 相等

8. 拧动压力继电器_____可调节压力继电器的返回区间。

A. 上方的调压螺钉　　　　　　　　B. 侧面的调压螺钉

9. 组合机床、专用车床、铣床等中等功率设备的液压系统应采用_____调速回路；拉床、龙门刨床、压力机等大功率设备的液压系统，应采用_____调速回路。

A、节流　　　　　　B. 容积　　　　　　C. 联合

10. 执行机构运动部件快慢速差值大的液压系统，应采用_____的快速回路。

A. 差动连接缸　　　B. 双泵供油　　　C. 有蓄能器

11. 机床中工件夹紧油路常采用减压回路，当工件夹紧时，其电磁换向阀应处于_____状态，以保证安全。

A. 通电　　　　　　B. 断电

12. 当两液压缸的结构尺寸不同，但要求其活塞移动的速度同步时，应采用_____同步回路。

A. 两液压缸串联的　　B. 两液压缸并联的　　C. 用调速阀控制两并联液压缸的

13. 专用机床或组合机床的液压系统，若要求其运动部件的快慢速转换平稳时，应采用_____的速度转换回路。

A. 电磁换向阀　　　B. 机动换向阀　　　C. 液动换向阀

14. 要求运动部件的行程能灵活调整或动作顺序能较容易地变动的多缸液压系统，应采用____

的顺序动作回路。

    A. 顺序阀控制的   B. 压力继电器控制的   C. 电气行程开关控制的

    15. 采用变量泵—变量电机组成的容积调速系统调速时，其低速段应使_____最大，调节_____；而在高速段，应使_____最大，在一定范围内调节_____。

    A. 泵的排量 V_P B. 液压马达的排量 V_M

    16. 变量泵—定量液压马达组成的容积调速回路为_____调速，即调节 n_M 时，其输出的___不变；变量泵—变量电机组成的容积调速回路为_____调速，即调节 n_M 时，其输出的_____不变。

    A. 恒功率   B. 恒转矩   C. 最大转矩   D. 最大功率

三、画图题

画出下列液压元件的图形符号。

元件名称	图形符号	元件名称	图形符号
定量泵		三位四通手动换向阀（自动复位式）	
变量泵		三位四通手动换向阀（钢球定位式）	
双向变量泵		三位四通电液动换向阀（H 型）	
双联液压泵		三位五通电液动换向阀（Y 型）	
变量液压马达		直动型溢流阀	
双向变量电机		先导型溢流阀	
单向阀		顺序阀	
液控单向阀		液控顺序阀	
二位二通机动换向阀（常开型）		减压阀	
二位二通电磁换向阀（常闭型）		节流阀	
三位四通电磁换向阀（O 型）		调速阀	
三位四通液动换向阀（P 型）		压力继电器	
三位五通电磁换向阀（M 型）		单向调速阀	

四、判断题

1. 背压阀的作用是使液压缸回油腔中具有一定压力，保证运动部件工作平稳。（   ）

2. 高压大流量液压系统常采用电磁换向阀实现主油路换向。（   ）

3. 通过节流阀的流量与节流阀口的通流截面积成正比，与阀两端的压差大小无关。（   ）

4. 当将普通顺序阀的出油口与油箱连通时，顺序阀即可当溢流阀用。（   ）

5. 当将液控顺序阀的出油口与油箱连通时，其即可当卸荷阀用。（   ）

6. 当压力继电器进油口压力达到其开启压力，接通某一电路时，若因漏油而使压力下降至其闭压力时，则可使该电路断开而停止工作。（   ）

7. 容积调速回路中，其主油路中的溢流阀起安全保护作用。（   ）

8. 采用顺序阀的顺序动作回路，适用于液压缸数目多，且各缸负载差值比较小的场合。

（   ）

9. 采用顺序阀的多缸顺序动作回路，其顺序阀的调整压力应低于先动作液压缸的最大工作压力。

（   ）

10. 大流量的液压系统，应直接采用二位二通电磁换向阀实现泵卸荷。（   ）

11. 单杆活塞缸差动连接时的速度一定为同向非差动连接时速度的 2 倍。（   ）

12. 在节流调速回路中，大量油液由溢流阀溢回油箱，是其能量损失大，温升高，效率低的主要原因。

（   ）

13. 旁油路节流调速回路，适用于速度较高，负载较大，速度的平稳性要求不高的液压系统。

（   ）

14. 采用双泵供油的液压系统，工作进给时常由高压小流量泵供油，而大泵卸荷空转。因此其效率比单泵供油系统的效率低得多。

（   ）

15. 定量泵—定量液压马达组成的容积调速回路，将液压马达的排量由零调至最大时，电机的转速即可由最大调至零。

（   ）

五、问答题

1. 三位换向阀的哪些中位机能能满足下表所列特性，请在相应位置打"√"。

中位机能	O 型	H 型	Y 型	P 型	M 型
换向位置精度高					
使泵卸荷					
使系统保压					
使运动件能浮动					

2. 如图 4-69 所示，若溢流阀的调速压力为 5 MPa，减压阀的调整压力为 1.5 MPa，试分析活塞在运动时和碰到死挡铁后停止时，管路中 A、B 处的压力值（主油路截止，运动时液压缸左腔的压力为 0.5 MPa）。

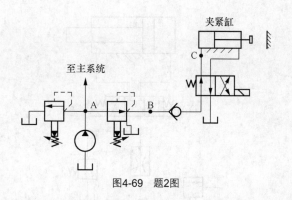

图4-69 题2图

3. 如图 4-70 所示液压系统，两液压缸有效面积为 $A_1=A_2=100 \times 10^{-4} \text{m}^2$，缸 I 的负载 $F_1=3.5 \times 10^4 \text{N}$，缸 II 运动时的负载为零，不计摩擦阻力、惯性力和管路损失。溢流阀、顺序阀和减压阀的调整压力分别为 4 MPa、3 MPa、2 MPa。求下列 3 种情况下 A、B 和 C 3 点的压力。（1）液压泵启动后，两换向阀处于中位。（2）1YA 通电，液压缸 I 活塞移动时及活塞运动到终点时。（3）1YA 断电，2YA 通电，液压缸 II 活塞运动时及活塞杆碰到固定挡铁时。

4. 如图 4-71 所示油路实现"快进—工进—快退"工作循环。如设置压力继电器的目的是为了控制活塞换向。试问，图中有哪些错误？应如何改正？

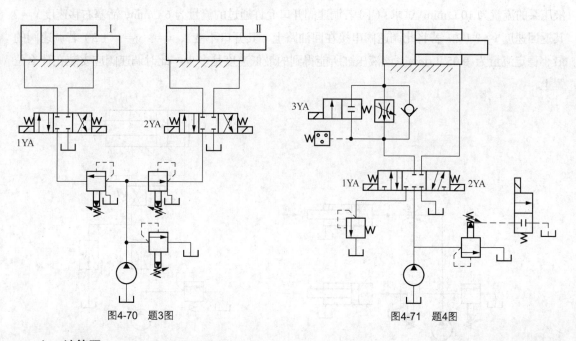

图4-70 题3图 图4-71 题4图

六、计算题

1. 在图 4-72 所示的调速阀进油路节流调速回路中，已知，液压缸无杆腔面积 $A_1=80 \times 10^{-4} \text{m}^2$，有杆腔面积 $A_2=40 \times 10^{-4} \text{m}^2$，负载 $F_{\text{max}}=40\,000 \text{ N}$，若调速阀的最小压差 $\Delta p=0.5$ MPa，背压阀调整压力 $p_b=0.5$ Mpa。试求：（1）液压缸的最大工作压力是多少？（2）溢流阀的调整压力应为多少？

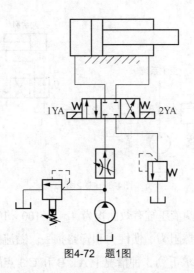

图4-72　题1图

2.　在图 7-73 所示回路中，已知两液压缸无杆腔面积均为 $A_1=60\times10^{-4}m^2$，两缸的负载分别为 $F_1=2.4\times10^4N$，$F_2=1.2\times10^4N$，如溢流阀的调整压力为 4.5 MPa，试分析减压阀调整压力为 1 MPa、2 MPa、4 MPa 时，两缸的动作情况。

3.　如图 4-74 所示油路中，液压缸无杆腔的面积 $A_1=100\times10^{-4}m^2$，有杆腔的面积 $A_2=50\times10^{-4}m^2$，液压泵的流量为 10 L/min。试求：（1）若调速阀开口允许通过的流量为 6 L/min，活塞右移速度 $v_1=$？其返回速度 $v_2=$？（2）若将此调速阀串接在回油路上（其开口不变），$v_1=$？ $v_2=$？ （3）若调速阀的最小稳定流量为 0.05 L/min，该液压缸所能得到的最低速度是多少？此时调速阀应安装在什么位置上？

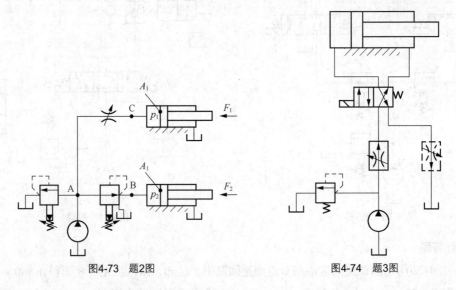

图4-73　题2图　　　　　　　　　图4-74　题3图

4.　图 4-75 所示液压缸工作进给时压力 $p=5.5$ MPa，流量 $Q=2$ L/min。由于快进需要，现采用 YB-25 或 YB-4/25 两种泵对系统供油。泵的效率 $\eta=0.8$，溢流阀的调定压力 $p_Y=6$ MPa，双联泵中低压泵卸荷压力为 0.12 MPa，不计其他损失，试分别计算采用不同泵时系统的效率 η。

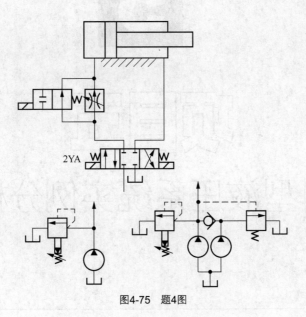

图4-75 题4图

Chapter

5

项目五

| 典型液压系统实例分析 |

采用了液压传动的机械设备称为液压设备，液压设备上的液压传动系统（以下简称液压系统）是由实现各种不同功能的基本回路、执行元件、液压泵、辅助元件等组合起来的，用来实现该设备的运动要求。

液压系统图是液压系统的工作原理图。图中用规定的图形符号绘制出液压系统内所有液压元件，表达它们的连接和控制情况，表达执行元件实现各种运动的工作原理。本单元介绍了几个典型液压系统，通过对它们的学习和分析，进一步加深对各种液压元件和回路的理解，增强综合应用能力，掌握液压系统的调整、维护和使用方法。

 ## 数控车床液压系统

【知识目标】

（1）掌握阅读液压系统图的方法。

（2）掌握数控车床液压系统的工作原理和特点。

（3）掌握液压系统所使用的元件及元件在该系统中的作用和系统中所使用的基本回路。

【能力目标】

（1）能结合工作循环图、电磁铁动作顺序表写出进、回油路线，分析液压系统的工作过程。

（2）能分析系统中使用的元件及元件在系统中的作用和系统中的基本回路。

（3）能分析总结液压系统的特点。

一、阅读液压系统图的步骤

阅读一个复杂的液压系统图，可按以下步骤进行。

（1）了解机械设备的功用、工作循环过程，从而了解对液压系统的动作、性能要求。

（2）初步分析液压系统图，以执行元件为中心，将系统分解为若干个子系统。

（3）逐一分析各种子系统，了解系统中包含哪些元件，由哪些基本回路组成，各个元件的功用及其相互间的关系。参照运动工作循环图、电磁铁动作顺序表等，读懂液压系统工作过程，分析每步动作的进油、回油流动路线。

（4）根据系统中对各执行元件间的互锁、同步、防干扰等要求，分析各个子系统之间的联系以及如何实现这些要求，全面读懂液压系统图。

（5）根据系统所使用的基本回路的性能，归纳总结出整个液压系统的特点。加深对液压系统的理解，为液压系统的调整、维护、使用打下基础。

二、数控车床液压系统概述

数控机床是现代机械制造业的主流设备，将逐渐取代普通机床。数控车床加工质量高，自动化程度高，适应性强，尤其是能加工普通机床不能加工的复杂曲面零件。在许多数控车床上，都应用了液压传动技术。

下面介绍的 MJ—50 型数控车床的液压系统，如图 5-1 所示。机床中由液压系统实现的动作有：

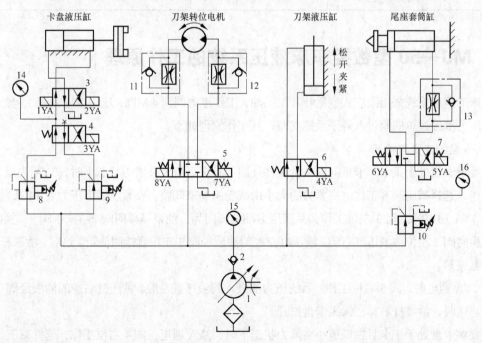

1—变量泵；2—单向阀；3、4、5、6、7—电磁换向阀；8、9、10—减压阀；11、12、13—单向调速阀；14、15、16—压力表。

图5-1　数控车床液压系统图

卡盘的夹紧与松开、刀架的夹紧与松开、刀架的正转与反转、尾座套筒的伸出与缩回。液压系统中各电磁阀的电磁铁动作是由数控系统中的 PLC 控制实现的，各电磁铁动作见表 5-1，表中用 "+" 表示电磁铁通电或行程阀压下，"−" 表示电磁铁断电或行程阀原位。

表 5-1　　　　　　　　　　　　电磁铁动作顺序表

动作			1YA	2YA	3YA	4YA	5YA	6YA	7YA	8YA
卡盘正卡	高压	夹紧	+	−	−	−	−	−	−	−
		松开	−	+	−	−	−	−	−	−
	低压	夹紧	+	−	+	−	−	−	−	−
		松开	−	+	+	−	−	−	−	−
卡盘反卡	高压	夹紧	−	+	−	−	−	−	−	−
		松开	+	−	−	−	−	−	−	−
	低压	夹紧	−	+	+	−	−	−	−	−
		松开	+	−	+	−	−	−	−	−
刀架		正转	−	−	−	−	−	−	−	+
		反转	−	−	−	−	−	−	+	−
		松开	−	−	−	+	−	−	−	−
		夹紧	−	−	−	−	−	−	−	−
尾座		套筒伸出	−	−	−	−	−	+	−	−
		套筒退回	−	−	−	+	−	−	−	−

三、MJ—50 型数控车床液压系统的工作原理

机床的液压系统采用限压式变量叶片泵供油，工作压力调到 4 MPa，压力由压力表 15 显示。泵输出的压力油经过单向阀进入各子系统支路，其工作原理如下。

1. 卡盘的夹紧与松开

在要求卡盘处于正卡（卡爪向内夹紧工件外圆）且在高压大夹紧力状态下时，3YA 失电，阀 4 左位工作，选择减压阀 8 工作。夹紧力的大小由减压阀 8 来调整，夹紧压力由压力表 14 来显示。

当 1YA 通电时，阀 3 左位工作，系统压力油的流向为：油泵→单向阀 2→减压阀 8→换向阀 4 左位→换向阀 3 左位→液压缸右腔。液压缸左腔的油液经阀 3 左位直接回油箱。这时，活塞杆左移，操纵卡盘夹紧。

当 2YA 通电时，阀 3 右位工作，系统压力油进入到液压缸左腔，液压缸右腔的油液经阀 3 直接回油箱。这时，活塞杆右移，操纵卡盘松开。

在要求卡盘处于正卡且在低压小夹紧力状态下时，3YA 通电，阀 4 右位工作，选择减压阀 9 工作。夹紧力的大小由减压阀 9 来调整，夹紧压力也由压力表 14 来显示，阀 9 调整压力值小于阀 8。

换向阀 3 的工作情况与在高压大夹紧力时相同。

卡盘处于反卡（卡爪向外夹紧工件内孔）时，动作与正卡时相反。即反卡的夹紧是正卡的松开；反卡的松开是正卡的夹紧。

2. 回转刀架的换刀

回转刀架换刀时，首先是将刀架抬升，松开，然后刀架转位到指定的位置，最后刀架下拉，复位夹紧。

当 4YA 通电时，换向阀 6 右位工作，刀架抬升，松开，8YA 通电，液压马达正转，带动刀架换刀。转速由单向调速阀 11 控制（若 7YA 通电，则液压马达带动刀架反转，转速由单向调速阀 12 控制）。刀架到位后，4YA 断电，阀 6 左位工作，液压缸使刀架夹紧。正转换刀还是反转换刀由数控系统按路径最短原则来判断。

3. 尾座套筒的伸缩运动

当 6YA 通电时，换向阀 7 左位工作，压力油流向为：减压阀 10→换向阀 7 左位→尾座套筒液压缸的左腔。液压缸右腔油液流向为：单向调速阀 13→阀 7→油箱。液压缸筒带动尾座套筒伸出，顶紧工件。顶紧力的大小通过减压阀 10 调整，调整压力值由压力表 16 显示。

当 5YA 通电时，换向阀 7 右位工作，压力油流向为：减压阀 10→换向阀 7 右位→组合阀 13 的单向阀→液压缸右腔。液压缸左腔的油液经阀 7 流向油箱，套筒快速缩回。

四、MJ—50 型数控车床液压系统的特点

（1）采用限压式变量液压泵供油，自动调整输出流量，能量损失小。

（2）采用减压阀稳定夹紧力，并用换向阀切换减压阀，实现高压和低压夹紧的转换，并且可分别调节高压夹紧或低压夹紧压力的大小。这样可根据工艺要求调节夹紧力，操作也简单方便。

（3）采用液压马达实现刀架的转位，可实现无级调速，并能控制刀架正、反转。

（4）采用换向阀控制尾座套筒液压缸的换向，实现套筒的伸出或缩回，并能调节尾座套筒伸出工作时顶紧力的大小，以适应不同工艺的要求。

（5）采用 3 个压力计 14、15、16，可分别显示系统相应处的压力，便于调试和故障诊断。

观察与实践

在数控实训车间观看数控车床的工作，实际感受机床的工作过程。

思考与练习

数控车床液压系统是由哪些液压基本回路组成的？阀 3 和阀 4 在工作原理上有什么不同？在油路中各起什么作用？

任务二　起重机液压系统

【知识目标】

（1）掌握阅读液压系统图的方法。

（2）掌握起重机液压系统的工作原理。

（3）掌握液压系统所使用的元件和元件在该系统中的作用，以及系统中所使用的基本回路。

【能力目标】

（1）能结合工作循环图、电磁铁动作顺序表写出进、回油路线并分析液压系统的工作过程。

（2）能分析系统中使用的元件和元件在系统中的作用，以及系统中的基本回路。

（3）能分析总结液压系统的特点。

一、概述

液压传动由于体积小、输出力和扭矩大、调速方便等突出优点，在起重机、挖掘机、推土机、装载机、压路机、打桩机、混凝土泵车、叉车、消防车等工程机械、起重运输机械上应用广泛。

图 5-2 为 Q2—8 型汽车液压起重机外形图，它由载重汽车 1、转台 2、支腿 3、变幅缸 4、吊臂 5 和吊臂 6、起升机构 7 等组成。其最大的起重量为 8 t（幅度 3 m 时），最大起重高度为 11.5 m，具有起重能力大、行走速度较快、机动性能较好等特点，可以自行，可在温度变化较大、环境条件较差等不利环境下作业，故用途广泛。

这种起重机动作较简单，位置精度可以较低，但要求控制方便灵活，所以一般采用手动控制。系统的安全性和可靠性要求较高。

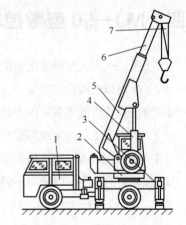

1—载重汽车；2—转台；3—支腿；
4—变幅缸；5、6—吊臂；7—起升机构。
图5-2　Q2—8汽车起重机外形图

二、Q2—8 型汽车起重机液压系统的工作原理

图 5-3 为 Q2—8 型汽车起重机液压系统图。汽车发动机通过装在汽车底盘变速箱上的传动装置（取力箱）驱动一个轴向柱塞泵，泵的额定工作压力为 21 MPa，排量为 40 mL/r，额定转速为 1 500 r/min。泵通过中心回转接头 9、开关 10 和过滤器 11，从油箱吸油。阀 3 是安全阀，用以防止系统过载，调整压力为 19 MPa，其实际工作压力可由压力表 12 读取。

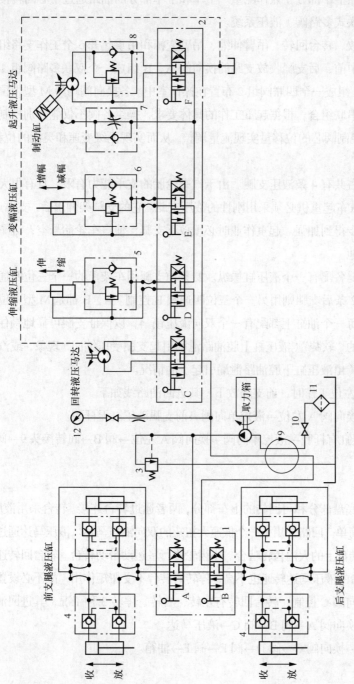

图5-3　Q2—8型汽车起重机液压系统

1—手动双联多路阀；2—手动四联多路阀；3—安全阀；4—液压锁；5、6、8—平衡阀；7—单向节流阀；
9—回转接头；10—开关；11—滤油器；12—压表力。

液压系统中除液压泵、过滤器 11、安全阀 3、阀组 1 及支腿部分外，其他液压元件都装在可回转的上车部分。油箱也在上车部分，兼作配重。上车和下车部分的油路通过中心回转接头 9 联通，是一个单泵、串联（串联式多路阀）液压系统。

整个系统由支腿收放、转台回转、吊臂伸缩、吊臂变幅和吊重起升 5 个工作支路组成，各部分都有相对的独立性。其中前、后支腿收放支路的换向阀 A、B 组成一个双联多路阀组 1，其余 4 支路的换向阀 C、D、E、F 组成一个四联阀组 2 布置在操作室中。各换向阀均为 M 型中位机能三位四通手动换向阀，其相互串联组合。根据起重工作的具体要求，操纵各阀不仅能分别控制各执行元件的运动方向，还可通过控制阀芯的位移量实现流量调整，从而实现无级变速和灵活的位移微量调整。

1. 支腿收放回路

起重机机架前后左右共有 4 条液压支腿。由于汽车轮胎的支承能力有限，且有很大的柔性，受力后不能保持稳定，故汽车起重机必须采用刚性的液压支腿。它的支腿架伸出后，支撑点距离更大，使起重机的稳定性进一步得到加强。起重作业时必须放下支腿，使汽车轮胎悬空；汽车行驶时则必须收起支腿，使轮胎着地。

起重机的每一条支腿各配有一个液压缸操纵。2 条前支腿用车架上的一个三位四通手动换向阀 A 控制其同时收放，而 2 条后支腿则用另一个三位四通阀 B 控制。A、B 都是 M 型中位机能的换向阀，其油路是串联的。每一个油缸上都配有一个双向液压锁 4，以保证支腿可靠地锁住，防止在起重作业过程中发生危险的"软腿"（液压缸上腔油路泄漏引起支腿受压缩回）现象，或汽车行驶过程中出液压支腿自行下落（由液压缸下腔油路泄漏引起）的情况。

例如，当推动阀 A 左位工作时，前支腿放下，其进回油路线如下。

进油路：液压泵→换向阀 A 左位→液控单向阀→前支腿液压缸无杆腔。

回油路：前支腿液压缸有杆腔→液控单向阀→换向阀 A 左位→阀 B→回转接头 9→阀 C→阀 D→阀 E→阀 F→油箱。

2. 转台回转回路

起重机分为不动的底盘部分和可回转的上车部分，两者通过转台连接。转台采用液压驱动回转。

转台回转回路比较简单。回路采用了一个低速大扭矩的双向液压马达。液压马达通过齿轮、蜗轮减速箱、开式小齿轮与转盘上的大内齿轮啮合。小齿轮作行星运动带动转台。转台回转速度较低，一般为 1～3 r/min 驱动转台的液压马达转速也不高，停转时转台不受扭矩作用，故不必设置制动回路。

液压马达由手动换向阀 C 控制，转台回转有左转、右转、停转 3 种工况，其进回油路线如下。

进油路：液压泵→换向阀 A→阀 B→阀 C→液压马达。

回油路：液压马达→换向阀 C→阀 D→阀 E→阀 F→油箱。

3. 吊臂伸缩回路

基本臂和套装在基本臂之中的伸缩臂组成吊臂。吊臂的伸缩由吊臂内伸缩液压缸带动。为防止吊臂在自重作用下下落，伸缩回路中装有液控平衡阀 5。

吊臂的伸缩由手动换向阀 D 控制，有伸出、缩回、停止 3 种工况。例如，当操作阀 D 右位工作时，吊臂伸出，其进回油路线如下。

进油路：泵→换向阀 A→阀 B→阀 C→阀 D 右位→阀 5 中的单向阀→伸缩液压缸无杆腔。

回油路：伸缩液压缸有杆腔→阀 D 右位→阀 E→阀 F→油箱。

4. 吊臂变幅回路

吊臂变幅就是用变幅液压缸改变起重臂的俯仰角度。变幅作业也要求平稳可靠，因此吊臂回路上也装有液控平衡阀 6。吊臂的变幅由手动换向阀 E 控制，有增幅、减幅、停止 3 种工况。其控制方法、进回油路线类似吊臂伸缩回路。

5. 吊重起升回路

吊重起升机构是起重机的主要执行机构，它是由一个大扭矩双向液压马达带动的卷扬机来实现吊重起升动作的。液压马达的正、反转由一个三位四通手动换向阀 F 控制，吊重起升有起升、下降 2 种工况。电机的转速，即起吊速度可通过控制汽车油门改变发动机的转速和操纵阀 F 来调节。

与吊臂伸缩回路、吊臂变幅回路类似，在下降的回路上设置有平衡阀 8，用以防止重物自由下落。平衡阀 8 是由经过改进的液控顺序阀和单向阀组成的。由于设置了平衡阀，使得液压马达只有在进油路上有一定压力时才能旋转。改进后的平衡阀使重物下降时不会产生"点头"（由于下降时速度周期性突快突慢变化，造成起重臂上下大幅振动）现象。

由于液压马达的泄漏比液压缸大得多，当负载吊在空中时，尽管油路上设有平衡阀，仍然会产生"溜车"（在停止起吊状态时，重物仍然缓慢下降）现象。为此，在液压马达输出轴上设有制动缸，以便在电机停转时，用制动缸自动锁住起升液压马达。当吊重起升机构工作时，压力油经过阀 7 中的节流阀进入制动缸，使闸块松开；当阀 F 中位起升电机停止时，回油经过阀 7 中的单向阀进入油箱，在制动器弹簧作用下，闸块将轴抱紧。单向节流阀 7 的作用是使制动器出油紧闸快、进油松闸慢（松闸时间由节流阀调节）。紧闸快是为了使电机迅速制动，重物迅速停止下降；而松闸慢可在起升扭矩建立后才松闸，可以避免当负载在半空中再次起升时，将液压马达拖动反转，产生"滑降"现象。

三、Q2—8 型汽车起重机液压系统的特点

Q2—8 型汽车起重机是一种中小型起重机，只用一个液压泵，在执行元件总功率不满载的情况下，各串联的手动换向阀可任意操作、组合，使一个或几个执行元件同时运动。如使起升和变幅或回转同时动作，又如在起升的同时，也可操纵回转回路、吊臂伸缩回路等。Q2—8 型汽车起重机液压系统的主要特点如下。

（1）系统中采用了平衡回路、锁紧回路和制动回路，能保证起重机工作可靠，操作安全。

（2）采用三位四通手动换向阀，不仅可以灵活方便地控制换向动作，还可通过操纵手柄的位置来控制流量，以实现节流调速。在工作中，将此节流调速方法与控制发动机转速的方法结合使用，可以实现各运动部件的微速动作。

（3）换向阀串联组合使各机构的动作既可独立进行，又可在轻载作业时实现起升和回转复合动作，从而提高工作效率。

（4）全部动作停止时，各换向阀均处于中位，油泵直接回油箱卸荷，能减少功率损耗。

观察与实践

动手操作实验室的起重机模型，实际感受起重机的工作过程。

思考与练习

Q2—8型汽车起重机液压系统是由哪些液压基本回路组成的？阀4在油路中起什么作用？阀5、6、7在油路中起什么作用？

任务三 动力滑台液压系统

【知识目标】

（1）掌握阅读液压系统图的方法。

（2）掌握动力滑台液压系统的工作原理。

（3）掌握液压系统所使用的元件及元件在该系统中的作用和系统中所使用的基本回路。

（4）了解动力滑台液压系统的调整方法。

【能力目标】

（1）能结合工作循环图、电磁铁动作顺序表写出进、回油路线，并分析液压系统的工作过程。

（2）能分析系统中使用的元件及元件在系统中的作用和系统中的基本回路。

（3）能分析总结液压系统的特点。

一、概述

组合机床是以通用部件为主，加上少量专用部件拼装而成的一种高效专用机床。动力滑台是机床上的用来实现刀具或工件进给运动的基础通用部件，分为机械动力滑台和液压动力滑台2种。液压动力滑台的运动是靠液压缸驱动的。根据设计要求，滑台上可以安装工件，也可配置不同用途的单轴头，或动力箱和多轴箱，以完成钻孔、扩孔、铰孔、倒角、攻螺纹、镗孔、铣面等平面和孔的加工工序的进给运动，图5-4为液压动力滑台外形图。

组合机床一般为多刀同时加工，进给的负荷、速度变化大，要求进给速度低而稳定，空行程速度快，快慢速转换平稳，系统发热小。滑台的液压系统必须满足以上要求。

图5-4 液压动力滑台外形图

图 5-5 为 YT4543 型液压动力滑台的液压系统原理图。该动力滑台进给速度范围为 6～600 mm/min，快速移动速度为 7 m/min，最大进给力为 45 kN，最大工作压力为 6.3 MPa。该系统采用限压式变量叶片泵供油，用电液换向阀换向，用液压缸的差动连接来实现快进，用行程阀实现快进与工进的转换，用二位二通电磁换向阀实现两种工作速度之间的转换。为了保证进给终点的位置精度，采用了止位钉停留来定位。该液压系统可以实现多种半自动工作循环，如：

快进→工进→（止位钉停留）→快退→原位停止

快进→工进→第二次工进→（止位钉停留）→快退→原位停止

快进→工进→快进→工进→……→快退→原位停止

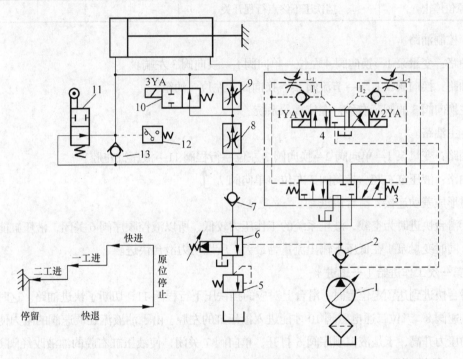

1—变量泵；2、7、13—单向阀；3—液动换向阀；4—电磁换向阀；5—背压阀；6—液控顺序阀；
8、9—调速阀；10—电磁换向阀；11—行程阀；12—压力继电器。

图5-5　YT4543型液压动力滑台液压系统图

液压系统的各种工作循环是由安装在滑台侧面的机械挡铁压下行程阀换位和压下行程开关，控制电磁换向阀的通电顺序来实现的。调整各个挡铁的位置，就可以改变循环状态。下面以最常见的二次工作进给的自动工作循环为例，说明该系统的工作原理。

二、YT4543 型动力滑台液压系统的工作原理

在阅读和分析液压系统图时，可参阅电磁铁和行程阀的动作顺序表（见表 5-2）。

1. 快进

按下"启动"按钮，电磁铁 1YA 通电，电磁换向阀 4 的左位接入控制油路，液动换向阀 3 在控制油液的作用下也将左位接入系统工作，这时系统中油液的流动路线如下。

表 5-2　　　　　　　　　　　电磁铁和行程阀动作顺序表

液压缸工作循环	信号来源	电磁铁			行程阀 11
		1YA	2YA	3YA	
快进	按"启动"按钮	+	−	−	−
一工进	挡铁压下行程阀	+	−	−	+
二工进	挡铁压下行程开关	+	−	+	+
止位钉停留	止位钉	+	−	+	+
快退	压力继电器、时间继电器	−	+	−	±
原位停止	挡铁压下终点行程开关	−	−	−	−

（1）控制油路。

进油路：变量泵 1→换向阀 4 左位→单向阀 I_1→换向阀 3 左端。

回油路：换向阀 3 右端→节流阀 L_2→换向阀 4 左位→油箱。

使主换向阀 3 的阀芯右移，左位接入系统。

（2）主油路。

进油路：变量泵 1→单向阀 2→换向阀 3 左位→行程阀 11→液压缸左腔。

回油路：液压缸右腔→换向阀 3 左位→单向阀 7 ↑

此时形成差动连接，滑台快进。

由于滑台快进时为空载，液压系统的工作压力较低，所以液控顺序阀 6 关闭，液压缸能形成差动连接；同时变量泵 1 在低压下输出流量为最大，所以动力滑台快进。

2. 第一次工作进给（一工进）

当滑台快进到达预定位置时，滑台上对应的挡铁压下行程阀 11，切断了快进油路。这时压力油只能经调速阀 8、二位二通电磁阀 10 才能进入液压缸的左腔。由于油液流经调速阀的阻力使调速阀前油路的压力升高，于是液控顺序阀 6 打开，单向阀 7 关闭，使液压缸右腔的油液改经阀 6、背压阀 5 流回油箱。同时，因为工作进给时系统压力升高，所以变量泵 1 的输出流量自动减小，使滑台转换为第一次工作进给的慢速运动。一工进时控制油路不变，电液动换向阀的工作状态不变，系统中主油路油液的流动路线如下。

进油路：变量泵 1→单向阀 2→换向阀 3 左位→调速阀 8→换向阀 10→液压缸左腔。

回油路：液压缸右腔→换向阀 3 左位→顺序阀 6→背压阀 5→油箱。

一工进的进给速度大小由调速阀 8 来调节。

3. 第二次工作进给（二工进）

当一工进到达预定位置时，滑台上对应的挡铁压下相应的电气行程开关，发出电信号到电气系统，使电磁铁 3YA 通电，二位二通电磁阀 10 将油路切断，压力油只能改经调速阀 9 才能进入液压缸的左腔，其他油路情况与一工进相同。由于调速阀 9 的开口量小于阀 8，所以进给速度再次被降低，使滑台转换为第二次工作进给运动。

二工进的进给速度大小由调速阀 9 来调节。

4. 止位钉停留

当滑台二工进直到碰上止位钉后，停止前进。这时液压缸左腔的压力持续上升直至最高，当升高到压力继电器 12 的调整值时，压力继电器动作，发出信号给时间继电器，时间继电器开始延时。这时油路情况与二工进相同，但是系统内油液已经停止流动，液压泵的流量减至很小，仅用于补充泄漏，液压泵处于流量卸荷状态。

停留时间由时间继电器控制调整，停留的位置可由止位螺钉调整。

5. 快速退回

时间继电器延时达到预定时间后发出信号，使电磁铁 1YA、3YA 断电，并使 2YA 通电。这时换向阀 4 的右位接入控制油路，液动换向阀 3 在控制油液的作用下也将右位接入主油路，这时系统中油液的流动路线如下。

（1）控制油路。

进油路：变量泵 1→换向阀 4 右位→单向阀 I_2→换向阀 3 右端。

回油路：换向阀 3 左端→节流阀 L_1→换向阀 4 右位→油箱。

使主换向阀 3 的阀芯左移，右位接入系统。

（2）主油路。

进油路：变量泵 1→单向阀 2→换向阀 3 右位→液压缸右腔。

回油路：液压缸左腔→单向阀 10→换向阀 3 右位→油箱。

此时，滑台快速退回。

由于滑台返回时为空载，系统压力较低，变量泵 1 的流量自动增至最大值，所以滑台快速退回。当滑台快退到一工进的起始位置时，行程阀 11 复位，使回油路更为畅通，但不影响快速退回动作。

6. 原位停止

当滑台退回到原位时，挡铁压下原位行程开关发出电信号，使 2YA 断电，换电阀 4 回到中位，换电阀 3 也回到中位，液压缸两腔油路被封闭，滑台停止运动。变量泵 1 输出的油液经单向阀 2、换向阀 3 中位流回油箱。泵的工作压力很低，液压泵处于压力卸荷状态。

单向阀 2 的作用是利用其通油开启压力，在泵卸荷时，使油路中仍保持一定的压力，这样，当电磁换向阀 4 通电时，油压足以推动液动换向阀 3。

三、YT4543 型动力滑台液压系统特点分析

YT4543 型动力滑台液压系统是较复杂工作循环的单缸中压系统。它采用的基本回路性能决定了系统的主要性能，其特点如下。

（1）采用限压式变量叶片泵和调速阀组成的进油路容积节流调速回路，并在回油路上设置了背压阀。这种回路能使滑台得到稳定的低速运动和较好的速度—负载特性。系统无溢流损失。滑台停止运动时，换向阀中位使液压泵在低压下卸荷，系统效率较高。回油路中设置背压阀，是为了改善滑台运动的平稳性，并可承受一定的负载荷。

（2）采用电液换向阀的换向回路实现换向，换向速度可由节流阀 L_1、L_2 调节，使流量较大、速度较快的主油路换向平稳、冲击小。

（3）采用限压式变量泵和液压缸的差动连接回路来实现快速运动。差动连接利用三位五通换向阀，简便可靠。

（4）采用行程阀、液控顺序阀实现快慢速切换回路，与电磁阀切换相比可简化电路，而且更可靠，速度切换更平稳。虽然刀具接触工件之后进给负载增加，但由于调速阀的速度稳定性好，加工质量也很好。

（5）采用了调速阀串联的二次进给进油路节流调速方式，可使启动和进给速度转换时的前冲量减小，并便于利用压力继电器发出信号进行自动顺序控制。

（6）在工作进给终了时采用了止位钉停留，因而工作台停留的位置精度高，适合镗阶梯孔、铣端面等工序使用。

四、YT4543 型动力滑台液压系统的调整

机床机械、电气、液压整体安装好后，可进行机电液关联参数、动作的调整。

1. 限压式变量泵的调整

根据工艺要求确定好快进速度 $v_{快}$、工进速度 $v_{工}$，计算泵的极限工作压力 p_{max}（根据切削力、调速阀压差、泵的特性曲线等计算），准备好秒表、钢直尺。

（1）调整快进速度 $v_{快}$。启动液压泵，首先将变量泵的调压螺钉拧进 1～2 圈，以保证快进的压力。将动力滑台调整为快进状态，用秒表、钢直尺测量快进速度，同时调节变量泵的流量调节螺钉，直至测得快进速度 $v_{快}$ 符合工艺要求，最后将流量调节螺钉锁紧。

（2）调整工进速度 $v_{工}$。首先将调速阀关至最小，然后将机床调至工进状态，并慢慢开大调速阀，用秒表、钢直尺测量工进速度。当工作速度符合要求时停止调节，锁紧调速阀。若在工进过程中发现，已将调速阀开至最大，而实际速度还低于要求速度，那是因为调速阀两端压差太小，需要调高泵压后重新调整一遍。

（3）调节泵的极限工作压力 p_{max}。首先使动力滑台处于止位钉停留状态，慢慢拧紧泵的调压螺钉，直至压力表读数为 p_{max} 值为止。

2. 电液动换向阀节流螺钉的调整

当动力滑台需要减小冲击缓慢换向或在某一端停留几秒钟再换向时，可调节阀端盖上相应的节流螺钉（系统图中的阀 L_1、L_2）。旋紧时为减速，旋松时为增速。

3. 压力继电器的调整

压力继电器在滑台工进时不能压合，在滑台停止后必须压合。其调整方法是：首先拧紧压力继电器的调压螺钉，然后使动力滑台处于止位钉停留状态，再慢慢拧松压力继电器的调压螺钉，直至压力继电器刚好动作，为了可靠地发出信号，其调整值应再调低 0.3～0.5 MPa。为了防止压力继电器工进时误发信号，其动作压力还应比滑台工进时缸的最高压力高 0.3～0.5 MPa，否则需要调高泵压后重新调整一遍。

要通过仔细观察压力表的数值，调整好返回区间，避免压力波动的影响。

4. 液控顺序阀的调整

观察滑台的运动。快速移动时，液控顺序阀必须关闭，否则适当调高阀的动作压力；工作进给时，液控顺序阀必须打开，否则适当调低阀的动作压力。

5. 挡铁、止位钉的调整

根据工件的位置尺寸调整各挡铁、止位钉纵向位置即可调整各工作循环转换点的位置；调整挡铁与行程阀、行程开关的横向位置可保证行程阀、行程开关能被足位压下。

以上各调整机构、螺钉等调定后均要锁紧。

观察与实践

到车间观看机床的滑台工作情况。

思考与练习

YT4543 动力滑台液压系统是由哪些液压基本回路组成的？元件 6 和元件 12 各起什么作用？

液压机液压系统

【知识目标】

（1）掌握阅读液压系统图的方法。

（2）掌握液压机液压系统的工作原理。

（3）掌握液压系统所使用的元件及元件在该系统中的作用和系统中所使用的基本回路。

【能力目标】

（1）能结合工作循环图、电磁铁动作顺序表写出进、回油路线并分析液压系统的工作过程。

（2）能分析系统中使用的元件及元件在系统中的作用和系统中的基本回路。

（3）能分析总结液压系统的特点。

一、概述

液压机是最早应用液压传动的机械,最初用于棉花、羊毛压缩打包。现代的液压机可用来完成各种锻压工艺过程,如钢材的锻压、金属结构件的成形以及塑料、橡胶、粉末冶金的压制等。液压机可以任意改变加压的压力及各行程的速度,能很好地满足各种压力加工工艺要求,因而在各工业部门都得到了广泛应用。

液压机液压系统是一种以压力变换为主的中、高压系统,一般工作压力范围为 10~40 MPa,有些高达 100~150 MPa。其受力很大,而且速度、流量也很大。因此,要求其功率利用应合理,工作平稳性和安全可靠性要高。

液压机的类型很多,其中四柱式最为典型,应用也最广泛。本节介绍 YA32—200 四柱万能液压机,图 5-6 为其外形图。这种液压机在其 4 个立柱之间安置有可上下运动的上滑块,由上横梁中间安装的主液压缸驱动。下底座中间有顶出缸,可驱动下滑块。

图 5-7 为该液压机的典型工作循环图。液压机要求液压系统完成的主要动作描述如下。

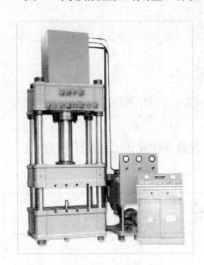

图5-6 液压机外形图

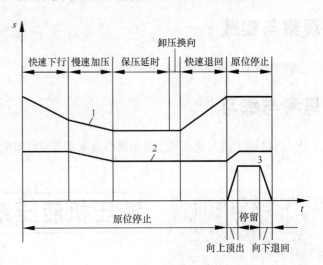

图5-7 液压机工作循环图

(1)主缸:驱动上滑块实现"快速下行→慢速加压→保压→泄压→快速回程→上位停止"的工作循环(见图 5-7 中的曲线 1)。

(2)顶出缸:活塞杆的顶出、退回(见图 5-7 中的曲线 2)。

(3)浮动压边:在作薄板的拉伸时,有时还需要利用顶出缸将坯料压紧,实现浮动压边(见图 5-7 中的曲线 3)。

二、YA32—200 型四柱万能液压机液压系统的工作原理

图 5-8 是该机液压系统的原理图。液压机的额定压力为 32 MPa,最大压制力为 2 000 kN。系统中有 2 个泵。辅助泵 2 是一个低压、小流量定量泵,供油给控制系统,控制油压力由溢流阀 3 调整。

主泵 1 是一个高压、大流量恒功率压力补偿变量柱塞泵，工作压力由远程调压阀 5 和控制阀 4 调定。阀 4 也是安全阀，用以防止系统过载。

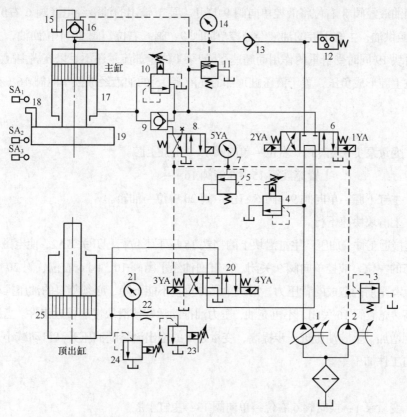

1—柱塞泵；2—辅助泵；3、5—溢流阀；4、23、24—先导式溢流阀；6、20—电液换向阀 7、14、21—压力表；
8—电磁换向阀；9—液控单向阀；10—平衡阀；11—卸荷阀；12—压力继电器 13—单向阀；15—充液箱；
16—充液阀；17—主缸；18—挡铁；19—上滑块；22—节流阀；25—顶出缸。

图5-8　YA32—200型四柱万能液压机液压系统图

参照电磁铁动作顺序表 5-3 分析液压机各动作过程如下。

表 5-3　　　　　　　　　　　电磁铁动作顺序表

液压缸	工作循环	信号来源	电磁铁				
			1YA	2YA	3YA	4YA	5YA
主缸	快速下行	"下压"按钮	+	−	−	−	+
	慢速加压	行程开关 SA_2	+	−	−	−	−
	保压	压力继电器 12	−	−	−	−	−
	泄压回程	时间继电器或按钮	−	+	−	−	−
	停止	行程开关 SA_1 或按钮	−	−	−	−	−
顶出缸	顶出	"顶出"按钮	−	−	+	−	−
	退回	"退回"按钮	−	−	−	+	−
	停止	"停止"按钮	−	−	−	−	−
	压边	"压边"按钮	+	−	+/−	−	−

1. 主缸运动

（1）快速下行　按下"下压"按钮，使电磁铁 1YA、5YA 通电，控制油压使电液阀 6 切换至右位，同时控制油液经阀 8 右位将液控单向阀 9 打开。泵 1 输出的油液经电液阀 6 右位，单向阀 13 向主缸 17 上腔供油；主缸下腔的油液经液控单向阀 9、阀 6 右位、阀 20 中位回油，主缸下行。因为此时主缸滑块 19 同时受自重的作用而超速下降，泵 1 的全部流量还不足以充满主缸上腔空出的容积，因此会在上腔形成负压，置于液压缸顶部的充液箱 15 的油液经液控单向阀 16（充液阀）进入主缸上腔。

主油路

进油路：变量泵 1→换向阀 6 右位→单向阀 13→主缸上腔。

　　　　　　　　　　上置充液箱 15→充液阀 16 ┘

回油路：主缸下腔→单向阀 9→阀 6 右位→阀 20 中位→油箱。

使主缸、上滑块快速下行。

（2）慢速接近工件、加压　主缸滑块上的挡铁 18 压下下位行程开关 SA2，使电磁铁 5YA 断电，阀 8 回到常态的左位，液控单向阀 9 关闭。主缸回油经平衡阀 10、阀 6 右位、阀 20 中位至油箱。由于回油路上有平衡阀造成的背压力，滑块单靠自重就不能下降，必须靠泵的油压推动。这时主缸上腔压力升高，充液阀 16 关闭，不再充油，压力油推动活塞使滑块慢速接近工件。当滑块抵住工件后，阻力急剧增加，上腔油压进一步提高，变量泵 1 的输出流量随油压升高自动减小，此时滑块以更慢的速度向工件加压。

主油路

进油路：变量泵 1→换向阀 6 右位→单向阀 13→主缸上腔。

回油路：主缸下腔→平衡阀 10→阀 6 右位→阀 20 中位→油箱。

使主缸、上滑块慢速下行。

（3）保压　滑块抵住工件后，主缸上腔油压进一步升高。当上腔的油压达到压力继电器 12 的调定值时，压力继电器 12 发出信号使电磁铁 1YA 断电，阀 6 回到中位，将主缸上、下油腔封闭。此时，泵 1 的流量经阀 6 中位、阀 20 的中位卸荷。由于单向阀 13、充液阀 16 的密封性能好，使主缸上腔保持高压。保压时间可由压力继电器 12 控制的时间继电器调整。

（4）泄压、快速回程　当调定的保压时间到时，压力继电器 12 控制的时间继电器发出信号（当定程压制成型时，则由行程开关 SA₃ 发信号），使电磁铁 2YA 通电，主缸处于回程状态。按下"回程"按钮，也可使主缸回程。

但由于液压机压力高，而主缸的直径大、行程大，缸内液体以及机架在加压过程中受压而储存了相当大的形变能量。如果立即回程，上腔及其联通油路瞬间接通油箱，使油箱压力骤降，会造成机架和管路的剧烈振动、噪声。为了防止这种液压冲击现象，回程时采用了先泄压之后再回程的措施。

当换向阀 6 切换至左位时，主缸上腔还未泄压，压力很高，带阻尼孔的泄荷阀 11 被主缸上腔高压开启。由泵 1 输出的压力油经阀 6、阀 11 中的阻尼孔回油。这时泵 1 在低压下工作，此压力不足以使主缸活塞回程，但能够打开液控单向阀 16 的卸荷阀芯。主缸上腔的高压油经卸荷阀芯的较小开口而泄回充液油箱 15，使上腔压力缓慢降低。这就是泄压。当主缸上腔压力降低到卸荷阀 11 回位关闭时，主泵 1 输出的油液压力进一步升高并推开液控单向阀 16 的主阀芯。此时压力油经液控单向阀 9 至主缸 17 的下腔，使活塞快速回程。充液油箱 15 中的油液达到一定高度时，由溢流管溢回主油箱。

　　主油路

　　进油路：变量泵 1→换向阀 6 左位 ┬→单向阀 9→主缸下腔。
　　　　　　　　　　　　　　　　　　└→充液阀 16 控制口→充液阀 16 打开。

　　回油路：主缸上腔→充液阀 16→充液箱 15→主油箱。

　　使主缸、上滑块快速上行回程。

　　（5）上位停止　当主缸滑块上行使挡铁 18 压下上位行程开关 SA1 时，使电磁铁 2YA 断电，换向阀 6 回到中位，主缸上下腔被 M 型机能的换向阀 6 封闭，主缸停止运动，回程结束。此时，泵 1 的油液经换向阀 6、阀 20 的中位回油箱，泵处于卸荷状态。在运行过程中，随时按"停止"按钮，可使主缸停留在任意位置。

　　2. 顶出缸运动

　　为保证安全，通过电气连锁，使顶出缸 25 在主缸停止运动时才能动作。

　　（1）顶出　按下"顶出"按钮，使 3YA 通电，换向阀 20 左位接入系统，泵 1 输出的压力油经阀 6 中位、阀 20 左位进入顶出缸 25 下腔；上腔的油液经阀 20 回油，使活塞上升。

　　（2）退回　按下"退回"按钮，使 3YA 断电，4YA 通电，换向阀 20 右位接入系统，顶出缸上腔进油，下腔回油，使活塞下降。

　　（3）停止　按下顶出缸的"停止"按钮，电磁阀 20 的电磁铁 3YA、YA 断电，顶出缸即停止运动。

　　（4）浮动压边　在进行薄板拉伸时，为防止薄板起皱，要采用压边工艺。要求顶出缸下腔在保持一定压力的同时，又能跟随主缸滑块的下压而下降。这时应先使 3YA 通电，使顶出缸上顶压边，然后断电停止，顶出缸下腔的油液被阀 20 封住，上腔通油箱。主缸滑块下压时，顶出缸活塞被压迫随之下行，顶出缸下腔回油经节流阀 22 和背压阀 23 流回油箱，从而保持所需的压边力。

　　当节流器 22 阻塞时，由于增压效应，顶出缸下腔压力会成倍增加，图 5-8 中的溢流阀 24 是起安全保护作用的。

三、YA32—200 型四柱万能液压机液压系统的特点

　　（1）采用高压、大流量的恒功率变量泵供油的容积调速回路，实现空载低压大流量快速、负载高压小流量慢速，既符合工艺要求，又无节流溢流损失。系统的工作压力由安装在控制台上的远程调压阀 5 来调节。

　　（2）两液压缸均采用电液换向阀换向，适应高压大流量系统的要求。

　　（3）利用活塞滑块自重的作用，可不用太大的油泵就实现大直径缸的快速下行，效率高。采用充液阀对主缸上腔充液，大通径的油管少而短，使系统结构简单，布置方便，这是立式设备的常用方案。

（4）采用密封性能好的单向阀 13、16 组成保压回路，利用油液和机架的弹性变形来保压，使保压过程简单可靠。为了减少由保压转换为快速回程的液压冲击，采用了由卸荷阀 11 和液控单向阀 16 组成的泄压回路。

（5）采用独立的辅助泵提供控制油，可靠性好，同时也减少了大流量主泵的负荷，分配合理。

| 观察与实践 |

观察液压机的工作过程。

| 思考与练习 |

YA32—200 型四柱万能液压机液压系统由哪些液压基本回路组成？阀 23 和阀 24 在油路中各起什么作用？哪个阀的调定压力更高？

一、填空题

1. MJ—50 型数控车床液压系统采用_____供油，自动调整输出流量，_____损失小。

2. MJ—50 型数控车床液压系统采用_____稳定夹紧力，并用_____切换减压阀，实现高压和低压夹紧的转换，并且可分别调节高压夹紧或低压夹紧压力的大小。

3. Q2—8 型汽车起重机液压系统由_____、_____、_____、_____和_____ 5个工作支路组成。

4. Q2—8 型汽车起重机液压系统，吊重起升回路的下降回路上设有_____，用于防止重物自由下落；液压马达输出轴上设有_____，以便电机停止转动时，自动锁住起升液压马达。

5. YT4543 动力滑台的液压系统采用_____和_____组成的_____容积节流调速回路，用_____实现换向，用_____实现快速运动，用_____实现两种工进速度的转换。

6. YT4543 动力滑台液压系统（见图 5-5）中，单向阀 7 的作用是_____；节流阀 L_1、L_2 的作用是_____。

7. YB32—200 型四柱万能液压压力机的液压系统（见图 5-8），顺序阀 7 的作用是_____，液压阀 4 的作用是_____，压力阀电器 9 的作用是_____，液控单向阀 12 的作用是_____，顺序阀 13 的作用是_____。

二、简答题

1. 简述阅读一个复杂的液压系统图的基本步骤。

2. YT4543 型液压滑台的液压系统为什么采用调速阀调速？其调速阀为什么要放在进油路上？

3. Q2—8 型汽车起重机液压系统有哪些主要特点？

三、分析题

1. 图 5-9 所示为组合钻床液压系统，其滑台可实现"快进→工进→快退→原位停止"工作循环。试填写好其电磁铁动作顺序表（见表 5-4）。

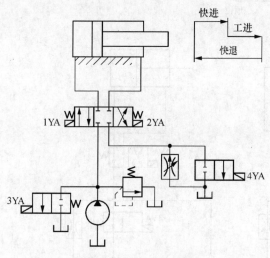

图5-9　组合钻床液压系统

表 5-4　　　电磁铁动作顺序表

动作	1YA	2YA	3YA	4YA
快进				
工进				
快退				
原位停止				
泵卸荷				

2. 图 5-10 所示为专用钻镗床液压系统，能实现"快进→一工进→二工进→快退→原位停止"工作循环。试填写其电磁铁动作顺序表（见表 5-5）。

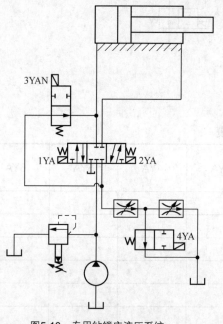

图5-10　专用钻镗床液压系统

表 5-5　　　电磁铁动作顺序表

动作	1YA	2YA	3YA	4YA
快进				
一工进				
二工进				
快退				
停止				

3. 填好图 5-11 所示车床液压系统完成车外圆（见循环图）工作循环时，各工作阶段电磁铁动作顺序表（见表 5-6）。

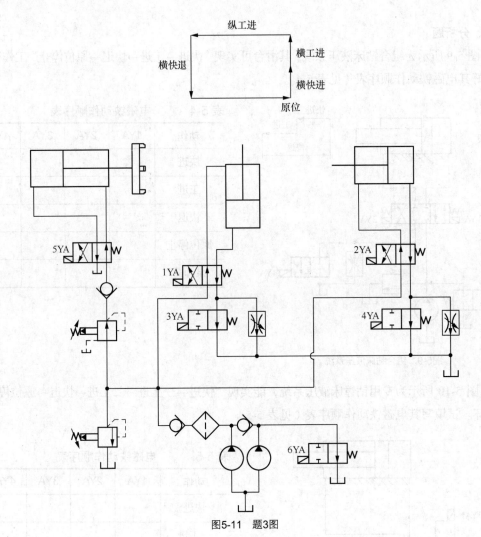

图5-11 题3图

表 5-6　　　　　　　　　　　电磁铁动作顺序表

动作 ＼ 电磁铁	1YA	2YA	3YA	4YA	5YA	6YA
装件夹紧						
横向快进						
横向工进						
纵向工进						
横向快退						
纵向快退						
卸下工件						
原位停止						

项目六
液压系统的设计计算、使用 维护和故障处理

任务一   液压系统的设计

目前液压系统的设计主要采用传统设计方法——经验法。借助液压系统计算机辅助设计（液压CAD）技术进行液压系统的设计，将成为今后主要的现代设计方法，但它也是建立在经验法设计的基础上的。因此，本单元主要介绍经验设计法。

【知识目标】

（1）掌握液压系统设计的步骤和方法。

（2）掌握液压系统元件选择和参数计算方法。

（3）掌握液压系统性能的验算方法。

【能力目标】

（1）能根据任务明确液压传动系统的设计要求进行工况分析。

（2）能根据任务要求拟定液压系统原理图。

（3）能进行参数的计算并选择液压元件。

（4）能对系统进行性能验算。

（5）能独立绘制工作图和编制技术文件。

一、液压系统的设计步骤

液压系统设计的步骤，随设计的实际情况、设计者的经验而各有不同，但其基本内容是一致的，其步骤如下。

（1）明确设计要求，进行工况分析。

（2）拟定液压系统原理图。

（3）选择液压元件。

（4）液压系统的性能验算。

（5）绘制工作图和编制技术文件。

上述各步骤的工作内容，有时需要穿插进行，交叉展开。对某些比较复杂的液压系统，需经过多次反复比较，才能最终确定。设计较简单的液压系统时，有些步骤也可以合并或简化。

液压系统的设计是根据整机的用途、特点和运动要求来进行的。所设计的液压系统首先应满足机械主机的运动、循环要求，也要符合组成简单、工作安全可靠、操作维护方便、经济性良好等一般要求。

二、工况分析

液压系统的工况分析是指对液压执行元件的工作情况进行分析，即进行运动分析和负载分析。分析的目的是确定每个执行元件在各自工作过程中的流量、压力和功率的变化过程，并将此过程用曲线表示出来，作为拟定液压系统方案、确定系统主要参数（压力和流量）的重要依据。

1. 运动分析

运动分析即对液压执行件一个工作循环中各阶段的运动速度变化情况进行分析，并画出速度循环图。图 6-1 为某机床动力滑台的运动分析图。其中，图 6-1（a）为工作循环图，表示液压系统的动作过程；图 6-1（b）为滑台的速度—位移曲线图，称为速度循环图，它表明了滑台在一个工作循环内各阶段运动速度的大小及变化情况。

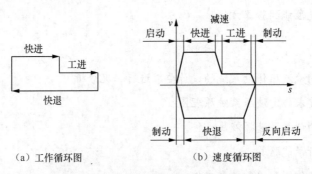

（a）工作循环图　　　　（b）速度循环图

图6-1　动力滑台的工作循环图和速度循环图

2. 负载分析

把执行元件工作的各个阶段所需克服的负载，用负载—位移曲线表示，称为负载循环图。绘制负载循环图时，应先分析计算执行元件的受力情况。

液压缸的实际总负载 F 为：

$$F = F_w + F_f + F_b + F_s + F_i \qquad (6\text{-}1)$$

式中，F 为液压缸总负载（单位为 N），F_w 为液压缸工作负载（单位为 N），F_f 为外摩擦阻力（单位为 N），F_b 为液压缸背压阻力（单位为 N），F_s 为液压缸密封件摩擦阻力（单位为 N），F_i 为惯性负载阻力（单位为 N）。

（1）液压缸工作负载 F_w　液压缸工作负载与设备的工作性质有关。如水平运动的卧式机床与运动部件方向平行的切削分力是工作负载，而对于垂直运动的立式机床、起重提升机等，工作负载中还要包括运动部件的重力。另外，外负载可以是定量，也可以是变量，还可能是交变的；其可以是正值，还可以是负值。因此，在计算前需要根据工作条件对负载特性进行深入的分析。

（2）摩擦阻力 F_f　摩擦阻力是指运动部件与导轨之间的摩擦阻力，它与运动部件的导轨形式、放置情况和运动状态有关。启动时克服的是静摩擦力，用 F_{fj} 表示；启动后克服的是动摩擦力，用 F_{fd} 表示。

对平导轨：

$$F_f = f N \qquad (6\text{-}2)$$

对 V 形导轨：

$$F_f = \frac{f N}{\sin \dfrac{\alpha}{2}} \qquad (6\text{-}3)$$

式中，f 为导轨的摩擦系数，各种材料的摩擦系数见表 6-1；N 为作用在导轨上的正压力；α 为导轨两斜面的夹角。

表 6-1　　　　　　　　　　　　导轨摩擦系数 f

导轨种类	导轨材料	工作状态	摩擦系数
滑动导轨	铸铁对铸铁	启动时	0.16～0.20
		$v < 0.16$ m/s 时	0.10～0.12
		$v > 0.16$ m/s 时	0.05～0.08
滚动导轨	铸铁对滚柱（珠）	启动或运动时	0.005～0.020
	淬火钢对滚柱（珠）		0.003～0.006
静压导轨	不限	启动或运动时	0.0005

（3）液压缸背压阻力 F_b　如果回油时存在背压，就有背压阻力。但在液压系统方案以及液压缸结构尚未确定之前，回油阻力是无法确定的。所以在液压缸工况分析时，先假定回油阻力 F_b 为零。在验算液压系统的主要技术性能时，再按液压缸的实际尺寸和背压计算。

（4）液压缸密封件摩擦阻力 F_s　液压缸密封装置产生的摩擦阻力的计算比较繁琐,通常可取 $F_s =$（0.05～0.1）F。也可先不考虑密封阻力,先算出总负载 F,最后除以液压缸的机械效率 η_{cm}（取 0.9～0.95）得到实际负载。

（5）惯性负载 F_i　惯性负载是运动部件的速度变化时,由其惯性而产生的负载可按牛顿第二定律计算算出。其值在加速时为正,减速时为负,恒速时为 0。由于它的作用时间很短,一般计算时可忽略不计。

$$F_i = \frac{G}{g}\frac{\Delta v}{\Delta t} \tag{6-4}$$

式中, G 为运动部件总重量（单位为 N）; Δv 为速度增量（单位为 m/s）; Δt 为启动或制动时间,一般机械 $\Delta t = 0.1\sim 0.5$ s, 行走机械 $\Delta t = 0.5\sim 1.5$ s。

液压缸在各个工作阶段的工作负载计算如下:

启动时:

$$F = \left(F_{fj} + F_i\right)/\eta_{cm} \tag{6-5}$$

加速时:

$$F = \left(F_{fd} + F_i\right)/\eta_{cm} \tag{6-6}$$

快进时:

$$F = F_{fd}/\eta_{cm} \tag{6-7}$$

工进时:

$$F = \left(F_w + F_{fd}\right)/\eta_{cm} \tag{6-8}$$

反向启动时:

$$F = \left(F_{fj} + F_i\right)/\eta_{cm} \tag{6-9}$$

反向加速时:

$$F = \left(F_{fd} + F_i\right)/\eta_{cm} \tag{6-10}$$

快退时:

$$F = F_{fd}/\eta_{cm} \tag{6-11}$$

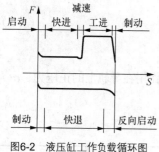

图6-2　液压缸工作负载循环图

计算出工作循环中各阶段的工作负载后,就可以绘出液压缸工作负载循环图,如图6-2所示。为使图示简洁直观,也可不计惯性和摩擦系数变化,将各阶段的负载线按其段内的最大负载等值绘出。

3. 确定液压缸主要参数

主要是计算液压缸活塞直径 D 和活塞杆直径 d。但由于计算出来的液压缸工作面积与运动速度有关,因此,主机若有最低速度要求时,还需进行最低速度的验算,即:

$$A \geqslant \frac{Q_{min}}{v_{min}} \tag{6-12}$$

式中, A 为液压缸的有效工作面积（单位为 m^2）, Q_{min} 为节流阀、调速阀或变量泵的最小稳定流量,一般可取 $Q_{min} = 0.05$ L/min。 v_{min} 为液压缸最低速度（单位为 m/s）。

若不符合上述条件, A 的数值就必须修改加大。液压缸的结构参数（如 D、d）最后还必须圆整成标准值（参见 GB2348—1993）。根据选定的标准值,再次计算液压缸实际的有效面积。

4. 绘制执行元件工况图

液压缸尺寸确定之后,就可根据液压缸的速度循环图和负载循环图,算出液压缸在工作循环中不同阶段的工作压力、流量和功率,绘制液压缸的工况图。工况图包括压力循环图（ p—s 图）、流量循环图（ Q—s 图）和功率循环图（ P—s 图）。也可将 3 个图合在一起绘制。

三、拟定液压系统原理图

液压系统原理图是用图形符号表示的液压系统的组成图。拟定液压系统原理图是整个液压系统设计中的重要一步。

1. 选择液压泵

根据液压系统的工作压力、流量、转速、效率、功率、定量或变量等条件来选择液压泵。

2. 确定调速方法

结构简单的小功率（3 kW 以下）液压系统，可采用节流调速的液压系统；中等功率（3～5 kW）液压系统，对速度有一定平稳性要求，可选用联合调速回路；容积调速系统则用于效率较高的大功率系统（5 kW 以上）。

3. 选择液压回路

可根据工况图和系统的设计要求来选择液压回路。

选择工作应从对主机主要性能起决定性作用的回路开始（例如，组合机床液压系统的首选回路是调速回路，磨床液压系统的首选回路是换向回路；压力机液压系统的首选回路是调压回路，注塑机液压系统的首选回路是多缸顺序回路等），然后再考虑其他液压回路。

选择液压回路时，若出现多种可能方案，宜平行展开，反复进行对比，比较出相对较佳的方案。

4. 确定控制方式

控制方式主要根据主机的要求确定。如要求系统按一定顺序自动循环，可使用行程控制或压力控制。采用行程阀控制可使动作可靠。若采用电液比例控制、可编程控制器控制和微机控制，可简化油路、改善系统的工作性能，而且使系统具有较大的柔性和通用性。

5. 组成液压系统

把选择出来的各种液压回路进行综合、归并整理，增添必要的元件和辅助回路，使之组成完整的系统。整理后，务必使系统结构简单紧凑、工作安全可靠、动作平稳、效率高、调整和维护保养方便，而且尽可能采用标准元件，以降低成本，缩短设计和制造周期。

液压系统原理图应按国家标准（GB786.1—2009）规定的图形符号绘制。

四、选择液压元件并确定安装连接方式

拟定了液压系统原理图后，就可以根据工况图反映的最大压力和流量来计算或选择液压系统中的各种元件和辅助元件，并确定系统中元件的安装连接形式了。

1. 选择液压泵

首先确定液压泵的类型，然后根据液压缸工况图中的最高工作压力和系统压力损失，确定液压泵最高工作压力，计算公式如下：

$$p_\mathrm{p} \geqslant p + \sum \Delta p \tag{6-13}$$

式中，p_p 为液压泵最高工作压力（单位为 MPa），p 为液压缸工况图中所示的最高工作压力（单位为 MPa），$\sum \Delta p$ 为系统压力损失（单位为 MPa）。

系统压力损失为进油路总压力损失与回油路总压力损失、合流路总压力损失折算值之和。在液压元件没有确定之前，系统压力损失先按经验进行估计，一般，对于使用节流调速和管路简单的液压系统，可取 $\sum \Delta p =0.2\sim0.5$ MPa；对于油路中有调速阀或复杂的液压系统，可取 $\sum \Delta p =0.5\sim1.5$ MPa；如果系统在执行元件停止运动时才出现最高工作压力，则确定液压泵量高工作压力时，取 $\sum \Delta p =0$。

液压泵的最大供油量 Q_p 由液压缸工况图中的最大流量 Q 确定，计算公式如下。

一般情况：
$$Q_p = K\sum Q_{max} \tag{6-14}$$
采用节流调速：
$$Q_p = K\sum Q_{max} + \Delta Q \tag{6-15}$$
采用蓄能器：
$$Q_p = K\overline{Q} \tag{6-16}$$

式中，Q_p 为液压泵最大供油量（单位为 m^3/s）；$\sum Q_{max}$ 为同时动作的各液压缸所需流量之和的最大值（单位为 m^3/s）；ΔQ 为溢流阀最小稳定溢流量，一般 $\Delta Q=（3.3\sim5）\times10^{-5}$（单位为 m^3/s）；K 为考虑系统泄漏的修正系数，一般取 $K=1.1\sim1.3$；$\overline{Q}$ 为采用蓄能器时的液压缸的平均流量（单位为 m^3/s）。

液压泵的规格型号按上面求得的 p_p 和 Q_p 值，在产品样本中选取。为保证液压泵正常工作，所选液压泵的额定压力应比系统的最高工作压力高出一定值，如 25%～40%。液压泵的流量则与系统所需流量相当，不宜超过太多。

液压泵电动机的功率可以按下式计算：
$$P = \frac{p_p Q_p}{\eta_p}\times10^{-3} \tag{6-17}$$

式中，P 为电动机功率（单位为 kW）；η_p 为液压泵的总效率，见液压泵产品样本。

2. 选择阀类元件

各种阀类元件的规格型号按液压系统原理图与工况图中提供的情况从产品样本中进行选取。各种阀的公称压力和额定流量一般应与其工作压力和最大通过流量相接近。必要时，通过阀的流量可略大于该阀的额定流量，但一般不超过 20%。流量阀按系统中的流量调节范围选取，其最小稳定流量应满足工作部件最低运动速度的要求。

3. 选择液压辅助元件

（1）油管　油管的规格尺寸大多由它所连接的液压元件接口处的尺寸决定，对一些重要的管道应验算其内径和壁厚。油管内径按下式计算：
$$d = \sqrt{\frac{Q_v}{\pi v}} \tag{6-18}$$

式中，d 为油管内径（单位为 m）；Q_v 为通过油管的流量（单位为 m^3/s）；v 为油管允许流速（单位为 m/s），其值见表 6-2。

表 6-2   管道允许流速推荐值

管道名称	v（m/s）	说 明
吸油管	0.6～1.5	流量大时可取大的值
压油管	2.5～5	压力较高、流量较大和管道较短时可取大的值
回油管	1.5～2	

油管壁厚可按下式计算：

$$\delta = \frac{pd}{2[\sigma]} \qquad (6\text{-}19)$$

式中，δ 为油管壁厚（单位为 m）；p 为管内压力（单位为 MPa）；d 为油管内径（单位为 m）；$[\sigma]$ 为油管材料的许用拉应力（单位为 MPa），对于钢管$[\sigma]=\sigma_b/n$，σ_b 是材料抗拉强度，n 是安全系数（$n=4\sim8$）。钢管可取$[\sigma]\leqslant25$ MPa。

算出油管尺寸须按有关资料选取相应规格的标准油管。

（2）油箱 为了储油和散热，油箱必须有足够的容积和散热面积。油箱的有效容量（指液面高度为油箱高度的 80%时，油箱所储液压油的体积）确定方法如下。

当 $p_p \leqslant 2.5$MPa 时：
$$V = (120\sim240)Q_p \qquad (6\text{-}20)$$

当 2.5MPa $< p_p \leqslant 6.3$MPa 时：
$$V = (300\sim420)Q_p \qquad (6\text{-}21)$$

当 $p_p > 6.3$MPa 时：
$$V = (360\sim720)Q_p \qquad (6\text{-}22)$$

式中，V 为油箱有效容量（单位为 m³），Q_p 为液压泵流量（单位为 m³/s）。

（3）其他辅件 其他辅件（如滤油器、压力表和管接头等）根据有关资料或手册选取。

五、液压系统主要性能的验算

液压系统的设计质量经常需要通过对其技术性能的验算来进行评判，例如液压系统的系统压力损失，液压泵的工作压力、系统效率以及系统发热温升计算等。

1. 液压系统的压力损失及泵的工作压力

通过对系统压力损失的计算，我们可以把整个系统的各段压力损失折合到液压泵出口处，以便于更确切地算出液压泵出口、液压缸进、出口的实际工作压力，从而确定各压力阀（溢流阀、顺序阀、卸荷阀、压力继电器等）的调整压力。现将单杆液压缸在不同连接时的系统压力损失计算公式讨论如下。

（1）单杆液压缸一般连接时 $\sum\Delta p$ 的计算 如图 6-3（a）所示，根据液压缸活塞上的受力平衡关系得：

$$p_1 A_1 = F_1 + p_2 A_2 \qquad (6\text{-}23)$$
$$p_p = p_1 + \sum\Delta p_1 + \sum\Delta p_2 \qquad (6\text{-}24)$$

由于系统回油管道通油箱，故 $p_2 = \sum\Delta p_2$，代入上式并解得泵的工作压力 p_p 及系统总压力损失 $\sum\Delta p$ 为：

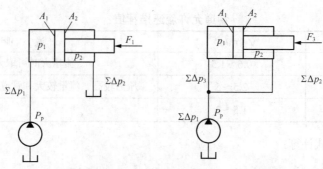

（a）无杆腔进油　　　　　　　　　　（b）差动连接

图6-3　系统压力损失计算简图

$$p_{\mathrm{p}} = \frac{F_1}{A_1} + \sum \Delta p_1 + \frac{A_2}{A_1} \sum \Delta p_2 \qquad (6\text{-}25)$$

$$\sum \Delta p = p_{\mathrm{p}} - p_{\text{泵}} = \sum \Delta p_1 + \frac{A_1}{A_2} \sum \Delta p_2 \qquad (6\text{-}26)$$

式中，p_{p} 为考虑压力损失时，泵出口的实际工作压力（单位为 MPa）；$p_{\text{泵}}$ 为不考虑压力损失时，泵出口工作压力（单位为 MPa），显然 $p_{\text{泵}} = \dfrac{F_1}{A_1}$；$\sum \Delta p_1$ 为进油路上的总压力损失（单位为 MPa）；$\sum \Delta p_2$ 为回油路上的总压力损失（单位为 MPa）。

同理，对于双杆液压缸，因为 $A_1 = A_2$，其系统压力损失为：

$$\sum \Delta p = \sum \Delta p_1 + \sum \Delta p_2$$

（2）液压缸差动时 $\sum \Delta p$ 的计算　　如图 6-3（b）所示，根据液压缸活塞受力平衡关系得：

$$p_1 A_1 = F_3 + p_2 A_2 \,\mathrm{p}_1 \qquad (6\text{-}27)$$

$$p_{\mathrm{p}} = p_1 + \sum \Delta p_1 + \sum \Delta p_3 \qquad (6\text{-}28)$$

由于液压缸两腔相连通，其两腔的液压关系为 $p_2 - \sum \Delta p_2 - \sum \Delta p_3 = p_1$。将其代入上两式可得：

$$p_{\mathrm{p}} = \frac{F_3}{A_1 - A_2} + \sum \Delta p_1 + \frac{A_2}{A_1 - A_2} \sum \Delta p_2 + \frac{A_1}{A_1 - A_2} \sum \Delta p_3 \qquad (6\text{-}29)$$

$$\sum \Delta p = p_{\mathrm{p}} - p_{\text{泵}} = \sum \Delta p_1 + \frac{A_2}{A_1 - A_2} \sum \Delta p_2 + \frac{A_1}{A_1 - A_2} \sum \Delta p_3 \qquad (6\text{-}30)$$

式中，P_{p} 为考虑压力损失时，泵出口实际工作压力（单位为 MPa）；$p_{\text{泵}}$ 为不考虑压力损失时，泵的工作压力（单位为 MPa），显然 $p_{\text{泵}} = \dfrac{F_3}{A_1 - A_2}$；$\sum \Delta p_1$ 为进油路上的总压力损失（单位为 MPa）；$\sum \Delta p_2$ 为回油路上的总压力损失（单位为 MPa）；$\sum \Delta p_3$ 为合流路上的总压力损失（单位为 MPa）。

综上所述，液压泵要驱动液压缸活塞克服负载运动，它除了要产生一个与负载相平衡的压力外，同时还要增加一个额外的压力，用来克服系统压力损失。

2. 液压系统的总效率 η

在液压系统中，执行机构输出的有效功率 P_{co}（如液压缸 $P_{\mathrm{co}} = Fv$）与输入动力装置（如液压泵）功率 $P_{\mathrm{pi}}\left(P_{\mathrm{pi}} = \dfrac{p_{\mathrm{p}} Q_{\mathrm{p}}}{\eta_{\mathrm{p}}}\right)$ 的比值，称为系统总效率，即：

$$\eta = \frac{P_{\text{co}}}{P_{\text{pi}}} = \eta_{\text{p}}\frac{F_v}{p_p Q_p} \qquad (6\text{-}31)$$

3. 液压系统发热及温升校核

液压系统在单位时间内的发热量，可以由液压泵的总输入功率和执行元件的有效功率或系统效率计算，即：

$$\Delta Q_1 = P_{\text{pi}} - P_{\text{co}} \qquad (6\text{-}32)$$

或

$$\Delta Q_1 = P_{\text{pi}}(1-\eta) \qquad (6\text{-}33)$$

式中，ΔQ_1 为液压系统单位时间发热量（单位为 kW），P_{pi} 为液压泵的输入功率（单位为 kW），P_{co} 为执行元件的有效功率（单位为 kW）。

当油箱温度比外界温度高时，油箱向四周空间散热，单位时间的散热量按下式计算，即：

$$\Delta Q_2 = KA\Delta T \qquad (6\text{-}34)$$

式中，ΔQ_2 为油箱单位时间散热量（单位为 kW）；ΔT 为油箱中油液温度与周围空气温度的温差（单位为℃）；K 为油箱的散热系数（单位为 kW/m²·℃），见表 6-3；A 为油箱散热面积（单位为 m²），若油面的高度为油箱高度的 80% 时，已知油箱的有效容积是 V（单位为 m³），则散热面积近似为 $A \approx 6.66V^{\frac{2}{3}}$。

当液压系统产生的热量和油箱散出的热量相等时（即 $\Delta Q_1 = \Delta Q_2$），油温不再上升，在热平衡状态下油液所达到的温度为：

$$t_1 = t_2 + \frac{P_{\text{pi}}(1-\eta)}{KA} \qquad (6\text{-}35)$$

式中，t_1 为热平衡状态时油液温度（单位为℃），t_2 为环境温度（单位为℃）。

由式（6-35）计算出的油液温度 t_1 若超过表 6-3 中规定的允许最高温度时，系统中就必须考虑添设冷却装置或采取适当措施，来提高液压系统的效率。

表 6-3　　　　　　　　　　　　油箱散热系数

散热条件	散热系数 K [kW/（m²·℃）]
周围通风较差	（8～9）×10⁻³
周围通风良好	15×10⁻³
用风扇冷却	23×10⁻³
用循环水强制冷却	（110～175）×10⁻³

表 6-4　　　　　　　　　某些液压系统中规定的油温允许值　　　　　　　　　　（℃）

主机类型	正常工作温度	允许温升	允许最高温度
普通机床	30～55	25～30	55～65
数控机床	30～50	≤25	55～65
粗加工机械	40～70	35～40	60～90
工程机械	50～80	35～40	70～90

六、绘制工作图和编制技术文件

1. 绘制工作图

（1）绘制液压系统图　在图上应注明各元件的规格、型号以及压力、流量调整值，并附有执行元件的工作循环图，控制元件的动作顺序表和简要说明。

（2）绘制液压系统装配图　液压系统的装配图是正式安装、施工的图纸，包括油箱装配图、液压泵装置图、油路装配图和管路装配图等。在管路装配图中要标明液压元件的位置和固定方式、油管的规格尺寸和布管情况以及各种管接头的形式和规格等。液压专用件或阀块须画全装配图和专用零件图。

2. 编制技术文件

技术文件一般包括设计计算说明书，零、部件目录表，标准件、通用件和外购件明细表，技术说明书，操作使用说明书等。

七、液压系统设计计算举例

设计课题：设计卧式钻孔组合机床液压系统。

钻孔动力部件质量 $m=2\times10^3$kg，液压缸机械效率 $\eta_{cm}=0.9$，钻削力 $F_t=1.6\times10^4$N。工作循环为：夹紧缸→进给缸快进→工进→死挡铁停留→快退→夹紧缸松开。进给行程长度为 150 mm，其中工进长度 50 mm。快进、快退速度为 75 mm/s，工进速度为 1.67 mm/s。导轨为矩形。启动、制动时间为 0.15 s。工件夹紧力为 4 000～6 000 N，夹紧时间为 1 s，夹紧行程为 50 mm。要求快进转工进时平稳可靠，工作台能在任意位置停止。

1. 工况分析

（1）负载分析　暂时不考虑回油腔的背压力，可按式（6-1）计算工作负载。取液压缸密封装置产生的摩擦阻力 $F_f'=0.1F$，外负载 F_w 包括切削力和导轨的摩擦力 F_f。由手册查得导轨静摩擦系数 $u_j=0.2$，动摩擦系数 $u_d=0.1$，导轨的正压力 F_N 就等于动力部件的重力 W。设导轨的静摩擦阻力为 F_{fj}，动摩擦阻力为 F_{fd}，则：

$$F_{fj}=u_jF_N=0.2\times2\times10^3\times9.8=3.92\times10^3\text{N}$$

$$F_{dj}=u_dF_N=0.1\times2\times10^3\times9.8=1.96\times10^3\text{N}$$

运动部件启动或制动将产生惯性力 F_i，取启动制动时间为 0.15 s，则惯性力为：

$$F_i=m\frac{\Delta v}{\Delta t}=2\times10^3\times\frac{75\times10^{-3}}{0.15}=1\times10^3\text{N}$$

已知钻孔时的切削力 $F_t=1.6\times10^4$N，所以计算出导轨摩擦力和惯性力后，液压缸各工作阶段的负载就可算出，见表 6-5。液压缸的负载循环图见图 6-4。

（2）运动分析　根据已知条件绘制出速度循环图，如图 6-5 所示。

表 6-5　　　　　　　　　　　　液压缸各运动阶段负载表　　　　　　　　　　（N）

工　　　况	阶段负载 F（最大值）
快进	4.36×10^3
工进	1.996×10^4
快退	4.36×10^3

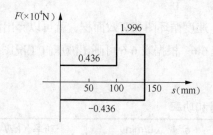

图6-4　液压缸负载循环图

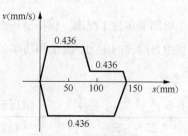

图6-5　液压缸速度循环图

（3）确定液压缸尺寸。

① 计算液压缸内径　查表选取液压缸的工作压力 $p=4\text{MPa}$。由图 6-5 可知，液压缸最大工作负载 $F=1.996 \times 10^4$，计算液压缸的内径 D。

$$D = \sqrt{\frac{4F}{\pi p}} = \sqrt{\frac{4 \times 1.996 \times 10^4}{\pi \times 4 \times 10^6}} = 0.0798\text{m}$$

取 $D = 80\text{mm}$。

② 确定活塞杆直径　根据条件可知液压缸快进速度和快退速度相等，在油路上采用差动连接。这时活塞杆的直径可按下式计算：

$$d = 0.707D = 0.707 \times 80 = 56.8\text{mm}$$

取 $d = 56\text{mm}$。

③ 液压缸实际有效面积计算。

无杆腔：

$$A_1 = \frac{\pi D^2}{4} = \frac{\pi \times 8^2}{4} = 50.3\text{cm}^2$$

有杆腔：

$$A_2 = \frac{\pi\left(D^2 - d^2\right)}{4} = \frac{\pi \times (8^2 - 5.6^2)}{4} = 25.6\text{cm}^2$$

④ 按最低速度验算液压缸有效面积　根据图 6-5 可知，最低速度就是工进速度，并且 $v=1.67\text{ mm/s}$。工进时无杆腔进油，所以应验算无杆腔有效面积。由产品样本可知流量阀的最小稳定流量通常是 $Q_{\min}=0.05\text{ L/min}$，应用式（6-12）可得

$$A \geqslant \frac{Q_{\min}}{v_{\min}} = \frac{0.05 \times 10^3}{1.67 \times 10^{-1} \times 60} = 5\text{cm}^2 < 50.3\text{cm}^2$$

所以上面确定的液压缸尺寸能满足最低速度要求。

⑤ 夹紧缸的设计　按负载夹紧力的大小，选定夹紧缸的压力为 $p_j = 2\text{MPa P}_j$，夹紧缸的直径为：

$$D = \sqrt{\frac{4F}{\pi p}} = \sqrt{\frac{4 \times 6000}{3.14 \times 2}} = 61.8 \text{mm}$$

按标准值，取 $D = 63$mm，活塞杆直径取 $d = 36$mm，最小夹紧力对应的夹紧缸工作压力为：

$$p_{min} = \frac{F}{A} = \frac{4F}{\pi D^2} = \frac{4 \times 4000}{\pi \times 63^2 \times 10^{-6}} = 1.28 \times 10^6 \text{Pa}$$

夹紧缸的流量：$Q_j = vA = \frac{50 \times 10}{1} \times \frac{\pi \times 63^2 \times 10^{-6}}{4} = 0.156 \text{L/s} = 9.3 \text{L/min}$

（4）绘制液压缸工况图　根据液压缸负载循环图、速度循环图和有效面积，就可以算出液压缸工作过程中各阶段的压力、流量和功率，计算结果见表6-6。根据表6-6可画出液压缸工况图，如图6-6所示。

表 6-6　　　　　　　　　　　液压缸的压力、流量和功率

工　　况		压力（MPa）	流量（L/min）	功率（kW）
快进 （差动）	启动	1.77	0	0
	加速	1.33		
	恒速	0.88	8.89	0.13
工　　进		3.97	0.50	0.033
快退	启动	1.70	0	0
	加速	1.29		
	恒速	0.85	9.21	0.13

2. 拟定液压系统原理图

（1）确定调速方法　为了减小负载变化对液压缸运动速度的影响，满足系统对执行元件速度稳定性的要求，采用调速阀的进油中节流调速。由工况图可知，工进时液压力高，但流量小；快进时压力低，但流量大。为减小功率损失，采用双泵供油。

（2）确定换向方式　为了使工作台能在任意位置停止，以便调整机床，同时考虑到采用差动连接方式来实现快进，故采用滑阀机能为 Y 型的三位五通电磁阀。

（3）确定工作进给油路　使用调速阀和三位五通电磁阀实现工作进给时，液压缸回油腔油液需经换向阀左位流回油箱；同时又为了实现差动连接，回油腔的油液也需经换向阀左位流入进油腔。为了满足这两方面的要求，可以在回油路上加一只液控顺序阀，如图6-7所示。

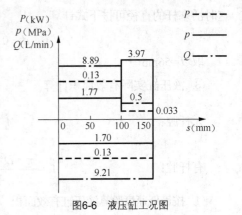

图6-6　液压缸工况图

钻削动力部件快进时，系统压力较低，顺序阀关闭，实现差动快进。工作进给时，系统压力升高，顺序阀打开，回油腔油液经三位五通换向阀和顺序阀流回油箱。图中单向阀的作用是防止高压油液倒流。

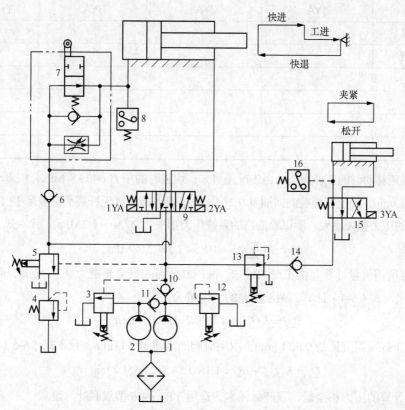

1、2—双联泵；3—液控顺序阀；4—背压阀；5—液控顺序阀；6、10、11、14—单向阀；
7—单向行程调速阀；8、16—压力继电器；9、15—换向阀；
12—溢流阀；13—减压阀。

图6-7　钻孔专用机床液压系统图

（4）确定快进转工进方案　由工况图可知，快进转工进时，流量变化很大。为了保证快进转工进时速度换接平稳可靠，采用行程换向阀比采用电磁换向阀好，为了保证回油腔有一定背压力，防止工作台前冲，在回油路上设置一个背压阀（溢流阀）。

（5）终点转换方式的选择　为了加工不通孔，采用死挡铁停留，由压力继电器发信号控制电磁换向阀换向。

3. 液压元件的选择

（1）确定液压泵的工作参数。

① 估算小流量泵的最大工作压力 p_p　根据工况图可知，液压缸在一个工作循环中最大工作压力为 3.97 MPa。因为在进油路有调速阀，回油路有背压阀等，所以取油路系统压力损失 $\sum \Delta p = 1\text{MPa}$，代入式（6-3）得：

$$P_p = p + \sum \Delta p = 3.97 + 1 = 4.97\text{MPa}$$

钻孔专用机床液压系统如图 6-7 所示，表 6-7 是电磁铁和行程换向阀动作顺序表。

表 6-7   电磁铁和行程阀动作表

顺序动作	1YA	2YA	3YA	行程换向阀
夹紧缸夹紧	-	-	-	-
进给缸快进	+	-	-	-
工进	+	-	-	+
快退	-	+	-	±
停止	-	-	-	-
夹紧缸松开	-	-	+	-

② 估算快速移动时的工作压力 由工况图可知，快进时的压力 p=0.88 MPa，按差动连接计算所需流量是 8.89 L/min，加上有杆腔的回油量 9.21 L/min，进入液压缸无杆腔的流量是 18.1 L/min，这样管道内和阀口的压力损失增大，所以取油路的系统压力损失为 $\sum \Delta p = 1.2 \text{MPa}$，代入式（6-3）得：

$$p_\text{p} = p + \sum \Delta p = 0.88 + 1.2 = 2.08 \text{MPa}$$

③ 液压泵所需流量计算 由工况图可知，液压缸所需的最大流量为 9.2 L/min，若取回路泄漏系数 K=1.1，代入式（6-4）计算，两液压泵的总流量为：

$$Q_\text{p} = KQ_\text{max} = 1.1 \times 9.2 = 10.1 \text{L} / \text{min}$$

工进时液压缸所需流量是 0.50 L/min，取溢流阀的溢流量 3 L/min，代入式（6-5）得：

$$Q_\text{p} = KQ_\text{max} + \Delta Q = 1.1 \times 0.5 + 3 = 3.55 \text{L} / \text{min}$$

根据上面计算的压力和流量，查产品样本，选用 YB_1—4/6 型双联叶片泵。

④ 估算液压泵的输入功率 P_pi，由工况图可知，液压缸的最大功率出现在快速移动阶段，由双联叶片泵型号可知总流量 Q_p=10 L/min，快进估算工作压力 p_p=2.08 MPa，取叶片泵的效率 η_p=0.70，代入式（6-7）得：

$$P = \frac{p_\text{p}Q_\text{p}}{\eta_\text{p}} \times 10^{-3} = \frac{2.08 \times 10^6 \times 10 \times 10^{-3} \times 10^{-3}}{0.70 \times 60} = 0.5 \text{kW}$$

查产品样本，选用 Y802—4 电动机，电动机功率为 0.75 kW。

（2）阀类元件的选择 根据液压系统原理图中液压泵的流量及液压缸的有关尺寸，按照前面所讲的有关公式，可以初步估算出液压阀在工作时的最大工作流量。实际工作压力可参考液压泵的工作压力，其值不超过 6.3 MPa。按照流量和压力这 2 个参数，查产品样本确定每个控制阀的规格型号等，见表 6-8。

表 6-8   液压元件估算流量和型号规格一览表

序号	编号	元件名称	估算流量（L/min）	元件型号	额定压力（MPa）	额定流量（L/min）
1	1、2	双联叶片泵	6+4	YB_1—4/6	6.3	4-6
2	9	三位五通换向阀	20	（35E—25BY）	6.3	25
3	7	单向行程调速阀	20	CDF—B10C	6.3	25
4	12	溢流阀	4	YF—L8B	0.5～7	12

续表

序号	编号	元件名称	估算流量（L/min）	元件型号	额定压力（MPa）	额定流量（L/min）
5	3	卸荷阀	6	X4F—B10E	1～3	20
6	4	背压阀	<2.5	YF—B8B	0.5～7	12
7	5	液控顺序阀	<2.5	X3F—B10F	3～7	20
8	10	单向阀	4	S6A		10
9	11	单向阀	6	S6A		10
10	6	单向阀	10	S6A		10
11	8	压力继电器		PF—B8B	0.7～7	—
12		压力表开关				
13	13	减压阀	10	JF3—10B	6.3	20
14	14	单向阀	10	S6A	6.3	10
15	15	二位四通换向阀	16.7	24DF3—10B	6.3	20
16	16	压力继电器		PF—B8B	0.7～7	12
17		滤油器	10	XUXB32—100	2.5	32

注：1. 夹紧缸和进给缸不可同时动作。

2. 快进时经过三位五通换向阀的流量为进油路与回油路流量之和。因为无杆腔面积为有杆腔面积的2倍，所以回油路流量等于双泵提供的流量。

（3）油管尺寸　由产品样本查得 YB$_1$—4/6 双联叶片泵的进油口锥管螺纹是 Z3/4″，采用卡套式管接头，按照管接头的接口尺寸，吸油管采用 22×1.4 的钢管。

由表6-2查得，取压油管允许流速为 4 m/s，当液压缸快速移动时，油管中的流量最大是 20 L/min，代入式（6-18）可算出内径：

$$d = 4.6\sqrt{\frac{Q}{v}} = 4.6 \times \sqrt{\frac{20}{4}} = 10.29\text{mm}$$

油管最大工作压力 p=6.3 MPa，无缝钢管的许用应力$[\sigma]$=42 MPa，压油管的壁厚可按式（6-19）计算，得：

$$\delta = \frac{pd}{2[\sigma]} = \frac{6.3 \times 10.29}{2 \times 42}\text{mm} = 0.8\text{mm}$$

按标准选用 14×1 的无缝钢管。

（4）油箱容量的确定。

$$V = (300\sim420)\ Q_\text{p} = (300\sim420) \times \frac{10}{60 \times 10^3}\text{ m}^3 = 50\sim70\text{ L}$$

可选容量为 100 L 的标准油箱。

4. 验算液压系统主要技术性能

（1）油管的沿程和局部压力损失　液压控制阀采用集成装配，假定由集成装置到机床液压缸之间进出油的管道都是 2 m 长，液压系统选用 N32 号液压油。一般按最低工作温度 15℃计算沿程压力损失。为了确保液压系统在工作时油液流动呈层流状态，首先验算工作温度在 50℃时的雷诺数。由手册中查出 N32 号液压油在 50℃时的运动黏度是 $0.2×10^{-4} m^2/s$，选用油管的内径 d=12 mm，由液压系统图可知，快进、快退时和无杆腔连接的油管内油液流量 Q=20 L/min，油液流动时的雷诺数为：

$$Re = \frac{212.3Q}{dv} = \frac{212.3 \times 20}{12 \times 0.2} = 1769 < 2000$$

式中各参数的单位分别为：d 为 mm；v 为 m/s；Q 为 L/min。

判断流态为层流。由手册中查出 N32 号液压油在 15℃时的运动黏度是 $1.5×10^{-4} m^2/s$，所以流态肯定是层流。可以按公式计算出油管在各种情况下的沿程压力损失、局部压力损失和各段油管的总压力损失（计算过程略）。计算结果见表 6-9。

表 6-9　　　　　　　　　　油管压力损失

	工　　进		快　　进		快　　退	
	进油管	回油管	进油管	回油管	进油管	回油管
估算流量（L/min）	0.50	0.25	20	10	10	20
沿程压力损失（MPa）	0.006	0.003	0.231	0.116	0.116	0.231
局部压力损失（MPa）	0.0006	0.0003	0.023	0.012	0.012	0.023
总压力损失（MPa）	0.007	0.003	0.254	0.128	0.128	0.254

（2）阀类元件的压力损失　调速阀和背压阀的压力损失分别取 0.5 MPa 和 0.6 MPa，液控顺序阀打开时压力损失近似为零，其余根据公式（6-36）计算得出。计算结果见表 6-10。

$$\Delta p_v = \Delta p_n \left(\frac{Q}{Q_n}\right)^2 \qquad (6-36)$$

表 6-10　　　　　　　　　　阀类元件局部压力损失

	工　　进		快　　进		快　　退	
	工作流量 Q（L/min）	压力损失 Δp（MPa）	工作流量 Q（L/min）	压力损失 Δp（MPa）	工作流量 Q（L/min）	压力损失 Δp（MPa）
三位五通换向阀 9	0.5/0.25	0	10/10	0.032	10/20	0.032/0.128
单向行程调速阀 7		（0.5）	20	0.192	20	0.192
单向阀 10	0.5	0	4	0.032	4	0.032
单向阀 11	—		10	0.032		

注意　工进时经过阀的流量小，压力损失略去不计；快进时经过三位五通换向阀的两油道的流量不同，压力损失也不同。

（3）计算泵的实际工作压力（可参考图 6-7）。

① 工进时泵的工作压力计算。

a. 进油路压力损失　阀 10、9、7 的压力损失见表 6-10，油管的压力损失见表 6-9。则进油路压力损失为：

$$\sum \Delta p_1 = 0 + 0 + 0.5 + 0.007 = 0.507\,\text{MPa}$$

b. 回油路压力损失　阀 9、5、4 的压力损失由为 0、0 和 0.6 MPa，油管压力损失由表 6-8 查得。回油路的压力损失为：

$$\sum \Delta p_2 = 0 + 0 + 0.6 + 0.003 = 0.6\,\text{MPa}$$

c. 工进时的系统压力损失：

$$\sum \Delta p = \sum \Delta p_1 + \frac{A_2}{A_1}\sum \Delta p_2 = 0.5 + \frac{25.6}{50.3}\times 0.6 = 0.81\,\text{MPa}$$

由表 6-6 查得液压缸的工作压力 p=3.97 MPa。按照式（6-13）可算出液压泵的供油压力为：

$$p_\text{p} = p + \sum \Delta p = 3.97 + 0.81 = 4.78\,\text{MPa}$$

② 快进时泵的工作压力计算。

a. 进油路压力损失（泵至阀 7 和阀 6 间的连结点）　阀 10、9 的压力损失见表 6-10。因进油路管道短，其管路损失忽略不计，则：

$$\sum \Delta p_1 = 0.032 + 0.032 = 0.064\,\text{MPa}$$

b. 回油路压力损失（液压缸出口至阀 7、6 间的连结点）　阀 9、6 的压力损失（阀 11、4 间连接点至液压缸进口）。

阀 7 压力损失见表 6-10，管路压力损失见表 6-9，则：

$$\sum \Delta p_2 = 0.032 + 0.032 + 0.128 = 0.192\,\text{MPa}$$

c. 合流路压力损失（阀 11、4 间连结点至液压缸进口）　阀 7 压力损失见表 6-10，管路压力损失见表 6-9，则：

$$\sum \Delta p_3 = 0.192 + 0.254 = 0.446\,\text{MPa}$$

d. 系统压力损失：

$$\sum \Delta p = \sum \Delta p_1 + \frac{A_2}{A_1 - A_2}\sum \Delta p_2 + \frac{A_1}{A_1 - A_2}\sum \Delta p_3$$
$$= 0.064 + \frac{25.6}{50.3 - 25.6}\times 0.192 + \frac{50.3}{50.3 - 25.6}\times 0.446$$
$$= 1.17\,\text{MPa}$$

由表 6-6 可知，快进时液压缸工作压力 $p = 0.88$ MPa，则可按式（6-13）计算液压泵的压力为：

$$p_\text{p} = p + \sum \Delta p = 0.088 + 1.117 = 2.03\,\text{MPa}$$

③ 快退时泵的工作压力计算。

a. 进油路压力损失　阀 10、9 和管路的压力损失见表 6-9 和表 6-8。进油路总的压力损失为：

$$\sum \Delta p_1 = 0.032 + 0.032 + 0.128 = 0.192\,\text{MPa}$$

b. 回油路压力损失　阀 7、9 和管路压力损失见表 6-9 和表 6-8，回油路总的压力损失为：

$$\sum \Delta p_2 = 0.192 + 0.128 + 0.254 = 0.574\,\text{MPa}$$

c. 系统压力损失　由于有杆腔进油、回油路压力损失折算到进油路时，系统压力损失为：

$$\sum \Delta p = \sum \Delta p_1 + \frac{A_2}{A_1 - A_2} \sum \Delta p_2$$

$$= 0.192 + \frac{50.3}{25.6} \times 0.574$$

$$= 1.32 \, \text{MPa}$$

由表 6-6 可知快退时液压缸工作压力为 $p=0.85$ MPa，则液压泵的供油压力为：

$$p_p = p + \sum \Delta p = 0.85 + 1.32 = 2.17 \, \text{MPa}$$

（4）确定压力阀的参考调整压力。

① 溢流阀 10 的调整压力　取工进时液压泵的工作压力计算值 4.78 MPa。

② 卸荷阀 3 的调整压力　由上面的计算可知，快退时液压泵的工作压力是 2.17 MPa，为了保证快速移动时液压泵 2 的全部流量可靠地流入液压缸，卸荷阀 3 的调整压力应比该压力高出 0.5 MPa，以免在加工过程中误发信号。同时其又应比液压缸停止移动时的最高压力即溢流阀的调整压力低。液压缸工作腔的实际压力 p 等于泵的出口压力减去进油路的压力损失，即：

$$p_1 = p_p - \sum \Delta p = 4.78 - 0.5 = 4.28 \, \text{MPa}$$

所以压力继电器的调整压力可取 4.58 MPa。

（5）电动机功率校核。

① 工进时电动机功率计算　工作进给时，液压泵 2 卸荷，出口压力为零，电动机功率全部消耗在液压泵 1 上，其压力 p_p=4.78 MPa，流量 Q_p=4 L/min，液压泵的效率代入式（6-7）得：

$$P_{pi} = \frac{p_p Q_p \times 10^{-3}}{\eta_p} = \frac{4.78 \times 10^6 \times 4 \times 10^{-3} \times 10^{-3}}{0.7 \times 60} = 0.46 \, \text{kW}$$

② 快退时电动机功率计算　此时两泵同时供油，所以流量 Q_p=10 L/min，由于快退时泵出口压力 p_p=2.17 MPa，大于快进时的压力，故这里只计算快退功率。

$$P_{pi} = \frac{p_p Q_p \times 10^{-3} \times 10^{-3}}{0.7 \times 60} = \frac{2.17 \times 10^6 \times 10 \times 10^{-3} \times 10^{-3}}{0.7 \times 60} = 0.52 \, \text{kW}$$

因所选电动机的功率是 0.75 kW，故满足要求。

（6）液压系统的效率　液压系统的效率按式（6-11）计算得：

$$\eta = \frac{P_{co}}{P_{pi}} = \frac{F_v}{p_p Q_p} \eta_p = \frac{1.996 \times 10^4 \times 1.67 \times 10^{-3} \times 60}{4.78 \times 10^6 \times 4 \times 10^{-3}} \times 0.7 = 73.2\%$$

（7）液压系统发热核算　因为油箱的容量 V=100 L=0.1 m³，所以散热面积 A 为：

$$A = 6.66 V^{2/3} = 6.66 \times 0.1^{2/3} = 1.44 \, \text{m}^2$$

由上面计算可知，工作进给时泵的输入功率为 Q_{pi}=0.46 kW，η=0.07。查表 6-3，取油箱的散热系数 K=15×10⁻² kW/（m·℃），环境温度按夏季室温 30℃考虑，用式（6-35）可以计算出油箱中油液的温度为：

$$t_1 = t_2 + \frac{p_{pi}(1-\eta)}{KA} = [30 + \frac{0.46 \times (1-0.07)}{15 \times 10^{-3} \times 1.44}]℃ = 50℃$$

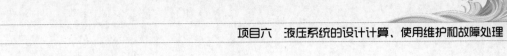

低于允许最高温度，满足使用要求。

根据以上各项计算，综合判断液压系统设计合格。

观察与实践

1. 课程设计课题

（1）立式多轴钻孔专用机床液压系统。一台立式多轴钻孔专用机床，钻削头部件的上、下运动采用液压传动，其工作循环是：快速下降→工作进给→快速上升→原位停止。为防止钻削头部件因自重下滑，系统中装有平衡回路。已知数据如下：最大钻削力 F_{max}=2 500 N，钻削头部件质量 m=255 kg，快速下降行程 s_1=200 mm，工作进给行程 s_2=50 mm，快速上升行程 s_3=250 mm，快速下降速度 v_1=75 m/s，工作进给速度 $v_2 \leqslant 1$ mm/s，快速上升速度 v_3=100 mm/s，加、减速时间 $\Delta t \leqslant 0.2$ s；钻削头部件上下运动时，静摩擦力 F_{fs}=1 000 N，动摩擦力 F_{fd}=500 N，液压系统中的执行元件采用液压缸，且活塞杆固定。液压缸采用 V 形密封圈密封，其机械效率为 $\eta_{cm} = 0.90$。

（2）卧式钻、镗组合机床液压系统。该机床用于加工铸铁箱形零件的孔系，运动部件总重 G=10 000 N，液压缸机械效率为 0.9，加工时最大切削力为 12 000 N，工作循环为"快进→工进→死挡铁停留→快退→原位停止"。行程长度为 0.4 m，工进行程为 0.1 m。快进和快退速度为 0.1 m/s，工进速度范围为 $3 \times 10^{-4} \sim 5 \times 10^{-4}$ m/s，采用平导轨，启动时间为 0.2 s。要求动力部件可以进行手动调整，快进转工进平稳、可靠。

（3）专用铣床液压系统。该机床工作台的移动及工件的压紧采用液压传动。要求实现的工作循环为"夹紧→快进→工进→快退→原位停止→松开工件"，工进速度为 60～1 000 mm/min，快进速度为 4.5 m/min，工进行程为 200 mm，工作行程为 400 mm，最大切削力为 9 000 N，工作台加速、减速时间为 0.25 s，工作台自重 1 000 N，采用平导轨，静摩擦系数 μ_j=0.2，动摩擦系数 μ_d=0.1。

2. 液压课程设计指导

（1）课程设计目的要求。学生在教师的指导下，依据所规定的设计任务收集资料、思考研究，综合运用所学专业知识，独立完成较完整的液压系统设计。具有分析问题、查阅资料手册、绘图、文字表达及综合解决实际问题等方面的能力。

（2）课程设计课题。可在以上课题中选择。

（3）设计应完成的技术文件。

① 设计计算说明书。

- 绘制液压缸负载、速度循环图和工况图。
- 拟定液压系统原理图。
- 计算和选择液压元件。
- 液压缸的结构设计。

② 绘制液压系统原理图一张。

③ 绘制液压缸装配图一张。

（4）课程设计步骤。课程设计时间为 1～2 周。

① 研究设计任务书，明确设计要求。

② 进行执行元件运动与负载分析。

③ 确定执行元件的主要参数。

④ 拟定液压系统原理图（草图）。

⑤ 选择液压元件。

⑥ 验算液压系统性能。

⑦ 绘制液压系统原理图、液压缸装配图，编写设计计算说明书。

（5）参考文献。

《液压与气动技术》教材。

《液压系统设计简明手册》。

任务二　液压系统的使用维护

【知识目标】

（1）掌握液压系统安装的步骤和方法。

（2）掌握液压系统调试的步骤和方法。

（3）掌握液压系统使用与维护方法。

【能力目标】

（1）能正确安装液压系统。

（2）能合理进行液压系统的调试。

（3）能正确维护和使用液压系统。

一、液压系统的安装

液压系统是由各种液压元件组成的，它们相对集中或分散地布置在设备的相关部分，并由油管、接头、安装底板、集成块等连接起来。许多元件的工作状态还必须加以调整，如泵的流量、压力控制阀的压力、调速阀的流量等。只有安装正确，调整合理，才能使液压设备达到使用要求。

设备的安装基本是在生产厂家中完成的，但有时也有部分连接工作必须在现场进行。

1. 安装前的准备工作

安装前一定要认真阅读液压系统工作原理图、系统管道连接图、各种元件的使用说明书，熟悉系统和各元件的工作原理、结构、安装使用方法等。

对照安装明细表准备好各个元件并仔细检查，必须确保型号一致、性能合格、调整机构灵活、显示灵敏准确。如果发现问题要及时处理，决不可将就使用。

2. 液压元件的安装

安装时一般按先下后上、先主后次、先内后外、先难后易、先精密后一般的原则顺序进行，要着重注意以下几点。

（1）液压泵与电机的连接轴有同轴度要求，一般要求偏心量小于 0.1 mm，两轴中心线的角度小于 1°。其基座应有足够的刚度，并确保连接牢固，以防振动。

（2）安装泵和阀时，必须注意各油口的方位，按照上面的标记对应安装。接头处要紧固、密封，无漏油、漏气。尤其是板式元件，要注意进出油口处的密封圈，决不可缺失、脱落或错位。

（3）安装前要检查各阀、泵的转动或移动，应灵活无卡死、呆滞等情况。一般元件的卡死、呆滞现象多由保管不当进入灰尘、产生水锈或调整不当等引起，可通过清洗、研磨、调整加以消除。

（4）液压缸的中心线与安装基面或运动部件的导轨必须达到要求的平行度。

3. 管路的安装

液压系统的管道通常需要现场排管配做，人工布置固定，一般的要求有如下几点。

（1）布置平直整齐，减少长度和转弯。这样既美观，又能使检修方便，也减少了沿程压力损失和局部压力损失。较复杂的油路系统，为避免检修拆卸后重装时接错，要涂色区别或在接头两段系上相同点编号牌。

（2）硬管较长时刚性较差，应保持适当距离并用管夹固定，防止振动和噪声。较长的软管也应适当固定，防止磨损。

（3）吸油管也要保证密封良好，防止吸入空气。吸油管上的滤油器工作条件较差，要定期清洗更换，安装时要考虑拆卸方便。

（4）回油管不可露于油面上，应插入油面以下足够深度，否则会引起飞溅激起泡沫。回油管口要切成 45°斜角，并远离进油口。

（5）泄油管路应单独设置，保持通畅，且不插入油中，避免产生背压，影响有关元件的灵敏度。

4. 清洗

各液压元件在安装前要用煤油、柴油等清洗并擦干。金属硬管配管试装后拆下，要经酸洗去锈、碱洗中和、水洗清洁，然后干燥涂油，方可转入正式安装。

系统安装好后，在试车前还要进行全面整体清洗。可在油箱中加入 60%～70%的工作油，并在主回油路上安装临时的过滤器（过滤精度视系统清洁程度而定）。然后将执行元件的进、出油管断开，并用临时管道接通。启动系统连续或间歇工作，靠流动的工作油冲刷内部油道。清洗时间一般为几小时至十几小时，使内部各处的灰尘、铁屑、橡胶末等微粒被冲刷出来。要一直清洗到过滤器上无新增污染物为止。

也可以不断开执行元件，在正常连接状态下空载运行，使执行机构连续动作，完成上述清洗工作。清洗用的工作油要尽量排干净，防止混入新液压油中，影响新液压油的使用寿命。

二、液压系统的调试

新设备以及修理后的设备，在安装和机械几何精度检验合格后进入调试，使液压系统的性能达到设计或现场使用要求。调试要在机械和电气技术人员配合下进行。

调试的一般方法和步骤如下。

1. 外观检查

全面检查系统中各元件是否安装到位，管路连接和电气连接是否正确齐全和牢固；泵和电动机转速、转向是否正确；电磁阀电源的电压、频率是否与标牌一至；油液的品种和牌号是否合适；油面高度是否在油标规定的范围内。将各控制阀置于常态或卸荷位置，松开各压力阀的弹簧将压力调低。将各行程挡块移至合适的位置，检查各仪表起始位置是否正确，检查运动空间大小是否足够。待各处按试车要求调整好之后，方可上电，准备试车。

2. 空载调试

空载调试是系统在空载运转条件下检查液压装置的工作情况，调试内容和方法如下。

（1）启动液压泵电动机　先点动几次液压泵电动机，没有发现异常情况后才可连续运转电机。若系统中有多个电动机，应分别单独启动试验，每个电机都正常后才可一起开动。若系统中控制油路由控制液压泵单独供油，则应先启动控制液压泵，并调整控制压力至要求值。

（2）压力阀的调整　各压力阀及压力继电器就按其在液压系统中的位置，从泵附近开始到执行元件依次进行调整。调整应在运动部件处于停止位置或低速运动状态下进行，压力由低到高，边观察压力表及油路工作情况边调整。注意检查系统各管道连接处、液压元件接合面处是否漏油，直到调至其规定值。将压力阀的锁紧螺母拧紧，并将相应的压力表开关关闭，防止压力表损坏。

主油路安全阀的调整压力，一般调整到系统工作压力的 110%～125%；快速运动液压泵的压力阀调整压力，一般调整到快速工作压力的 110%～120%。卸荷压力一般应小于 0.1～0.2 MPa，若用卸荷压力油给控制油路和润滑油路供油，其卸荷压力应保持为 0.3～0.6 MPa 或规定值。顺序阀的调整压力应比先动部分高约 0.5 MPa。调整压力继电器时，应先调整返回区间，然后调整动作压力。压力继电器的最高调整压力一般比供油压力小 0.3～0.6 MPa。对于失压发信号的压力继电器，其调整压力应高于回油路背压阀的调整压力。

（3）液压缸的排气　操作相应的按钮、手柄，使运动部件速度由低到高，行程由小到大，将空气排出。对于压力高的液压系统应适当降低压力，足够使液压缸全行程往复运动即可。排气塞排气时，可听到嘘嘘的排气声或看到排气塞喷出白浊状的泡沫油，空气排尽时喷出的油液透明，无气泡。当缸内空气排完后，立即将排气塞或排气阀关闭。

设备在正常使用期间，也要定期进行排气操作。

（4）流量阀的调整　流量阀在液压缸排气时已从小逐步开到最大，调整运动部件速度时，应先使液压缸的速度升至最大，然后逐渐关小流量阀并观察系统能否达到最低稳定速度，再按工作要求的速度来调节流量阀。对于调节润滑油流量的流量阀要仔细进行调整，因为润滑油流量太少，达不到润滑的目的，而过多也会带来不良的影响。例如，导轨面的润滑油太多，会使运动部件"飘浮"起来而影响运动精度。对于调节换向时间或起缓冲作用的节流阀，应先将节流口调在较小的位置上，然后逐渐调大节流口，直到满足要求为止，并在调好后将锁紧螺母拧紧。

（5）行程控制元件位置的调整　行程挡铁常用于控制行程阀、行程开关的动作，以使运动部件获得预定的运动或运动的自动转换。因此，行程挡铁的位置亦应按要求事先调好，保证安全的限位行程挡铁的位置要特别加以注意。

系统工作后，液压油进入液压缸和管道内部，使得油箱的液面下降，要及时将油液补充到规定的高度。

以上各项工作往往是相互联系、穿插进行的，常常需要反复地测试、调整。复杂的液压系统可能有多个泵、多个执行元件，各执行元件的运动常按一定的顺序或同步、交叉进行，要调试到满足全部要求为止。调试时，要着重注意检查试验所有安全保护装置，确保其工作正确、灵敏和可靠。

各工作部件在空载条件下，按预定的工作循环或工作顺序连续运转2～4 h后，应检查油温及液压系统所要求的各项精度，一切正常后，才能进入负载调试阶段。

3．负载调试

应按速度先慢后快，负载先小后大的原则逐步升级试车。如一切正常，才将负载加至最大，速度调到规定值。每升一级都应使执行元件往复多次或工作一段时间。随时检查各处的工作情况，包括各执行元件动作是否正确，启动、换向、速度、速度变换是否平稳，有无爬行、冲击，特别要注意检查安全保护装置工作是否仍然可靠。

系统工作全部正常后，才可交给操作者使用。

调试应有书面记载并存档，作为设备使用的参考技术数据。在以后设备出现故障需要维修时，方便分析和处理。

三、液压系统的使用和维护

液压系统工作性能的保持，在很大程度上取决于正确的使用与及时的维护，必须建立使用和维护方面的规章制度，严格执行。

1．液压系统使用注意事项

（1）操作者应掌握液压系统的工作原理，熟悉操作方法、操作要点。

（2）熟悉各调节装置的作用、转动方向与被调节的压力、流量大小变化的关系，防止调反，造成事故。

（3）开车前应检查系统上的各调节装置、手柄是否被无关人员动过，检查电气开关和行程开关的位置是否正常。

（4）开车前应检查油温。若油温低于10℃，可将系统空载运转进行升温。若室温在0℃以下，液压油凝结，则应采取加热措施后再启动。若有条件，可在夏季和冬季使用不同黏度的液压油。

（5）工作中应随时注意油位高度和温升，一般油液的工作温度在35℃～60℃较合适。

（6）液压油要定期进行检查和更换，保持油液清洁。对于新投入使用的设备，使用一个月左右应清洗油箱，更换新油。以后视液压油清洁程度每隔一年或按设备说明书要求的间隔时间进行一次清洗和换油。

（7）使用中应注意过滤器的工作情况，滤芯应定期清洗或更换。平时要防止杂质进入油箱。

（8）若设备长期不用，则应按规定要求封存。

2. 液压设备的维护保养

维护保养分日常维护、定期检查和综合检查3种方式。

（1）日常维护　日常维护是减少故障的最主要环节。通常是用目视、耳听及手触感觉等比较简单的方法，检查油量、油温、漏油、噪声、压力、速度以及振动等情况，并进行调节和保养。对重要的设备应填写"日常维护点检卡"。

（2）定期检查　分析日常维护中发现不正常现象的原因并进行故障排除。对需要维修的部位，必要时安排局部检修。定期检查的时间间隔，一般与滤油器的检查清洗周期相同，通常为2～3个月。

（3）综合检查　综合检查大约一年一次。综合检查的方法主要是分解检查，要重点排除一年内可能产生的故障因素。其主要内容是检查液压装置的各元件和部件，判断其性能和寿命，并对产生故障的部位进行检修，对经常发生故障的部位提出改进意见。

定期检查和综合检查均应做好记录，将其作为设备出现故障查找原因或设备大修的依据。

3. 防止液压油污染

这里着重强调防止液压油污染在维护保养工作中的重要性。

液压油的污染是指工作油液中侵入水、空气、切屑、纤维、灰尘、砂粒、磨料等硬性物质以及橡胶状黏着物。它们是设备发生各种故障的祸根。据统计，油液污染引起的故障约占液压系统故障总数的80%以上。这些污染物轻则会因为磨损加剧影响系统性能和使用寿命，重则堵塞通道，使阀芯、活塞等卡死失灵，导致液压元件损坏和液压系统不能正常工作。

防止液压油污染的措施比较简单易行，但要认真坚持做到以下几点。

（1）注入油箱的液压油必须经严格过滤。

（2）经常检查液压油清洁度，定期清洗滤油器，清洗油箱，定期换油。

（3）防止空气混入油液，并及时排出混入系统中的空气。

（4）防止油温过高，最好控制在60℃以下。

（5）防止泄漏。

观察与实践

进行简单机床液压系统的安装与调试。

思考与练习

液压元件安装的原则是什么？

液压系统的故障处理

【知识目标】

（1）掌握液压系统的故障诊断步骤和方法。

（2）了解液压元件的常见故障及处理方法。

（3）了解液压系统的常见故障及处理方法。

【能力目标】

（1）能处理液压元件的简单的故障。

（2）能处理液压系统的简单的故障。

一、液压系统故障诊断方法

故障诊断技术是使用、维护液压设备过程中长期积累起来的经验总结，是液压技术人员知识、能力的重要组成部分，是衡量液压技术水平高低的重要标志。

1. 液压系统故障特点

液压系统的故障是多种多样的。虽然控制油液的污染度和及时维护检查可减少故障的发生，但不能完全杜绝故障。液压系统故障的主要特点如下。

（1）故障发生的概率较低　由于液压元件都在充分润滑的条件下工作，液压系统均有可靠的过载保护装置（如安全阀），很少发生金属零件破损、严重磨损等现象。一个设计良好的液压系统与同等复杂程度的机械式或电气式机构相比，故障发生的概率是较低的，但寻找故障的部位也比较困难，其主要是由于后列另外几个特点造成的。

（2）液压故障具有隐蔽性　液压部件的机构和油液封闭在壳体和管道内，当故障发生后不像机械传动故障那样容易直接观察到，也不像电气传动那样方便测量，所以确定液压故障的部位和原因是费时的。

（3）液压故障具有多因性　影响液压系统正常工作的原因，有些是渐发的，如因零件受损引起配合间隙逐渐增大、密封件的材质逐渐恶化等渐发性故障；有些是偶发的，如元件因异物突然卡死、动作失灵所引起的突发性故障；也有些是系统中各液压元件综合性因素所致，如元件规格选择、配置不合理造成难以实现设计要求。各个液压元件的动作又是相互影响的，一个故障排除了，往往又会出现另一种故障。

（4）液压故障具有非独立性　液压设备是机、电、液一体化的复杂设备，由于液压系统只是其中的一个部分，它控制设备的机械部分，同时又被电气部分控制，三者互相影响。因此，在检查、分析、排除故障时，必须同时具备机、电、液综合知识。

2. 液压系统故障的排除步骤

液压设备故障诊断处理的方式方法可以灵活多样，但一般按以下步骤进行。

（1）熟悉相关资料　在到现场调查情况前，首先要做好案头工作，查阅技术资料，了解设备的工艺性能，熟悉液压系统图，熟悉机、电、液之间的关系。不但要弄清整个系统的工作原理，也要了解单个元件的型号、结构性能及其在系统中的作用，还要弄清各元件之间的联系。

（2）现场调查情况　一定要深入现场了解第一手情况。向操作者询问设备出现故障前的正常状态，出现故障后的异常状况和现象、过程，产生故障的部位。如果设备还能动作，应亲自观察设备的工作过程，仔细观察液压系统故障现象、各参数变化状态和工作情况等，并与操作者提供的情况进行对比分析。还可对照本次故障现象查阅技术档案，了解设备运行历史和当前的状况。

（3）分析诊断故障　将现场观察到的情况、操作者及相关人员提供的情况和档案记载的资料进行综合分析，查找故障原因。一般说来，液压系统的故障往往是诸多因素综合影响的结果，但造成故障主要还是基于以下原因。

① 液压油和液压元件使用不当，使液压元件的性能变坏、失灵。

② 装配、调整不当。

③ 设备年久失修、零件磨损、精度超差或元件制造不当。

④ 也有些故障是元件选用和回路设计不当。

目前常用的追查液压故障的方法有顺向分析法和逆向分析法。顺向分析法就是从引起故障的各种原因出发，分析各种原因对液压系统的影响，分析每个原因可能产生那些故障。这种分析方法在预防液压故障的发生、预测和监视液压故障方面具有良好的效果。逆向分析法就是从液压故障的结果开始，分析引起这个故障的可能原因。逆向分析方法目的明确，查找故障较简便，是液压故障分析常用的方法。分析时要注意到事物的相互联系，逐步缩小范围，直到准确地判断出故障部位，然后拟定排除故障的方案。

拟定方案过程中，有时还要返回现场调试、检测，逐步完善方案。

（4）修理排除故障　液压系统中大多数故障通过调整的办法可以排除，有些故障可用更换个别标准液压元件或易损件（如密封圈等）、更换液压油甚至清洗液压元件的办法排除，只有部分故障是因设备使用年久，磨损精度不够而需要全面修复。因此，排除故障时应按"先洗后修、先调后拆、先外后内、先简后繁"的原则，尽量通过调整来实现，只有在万不得已的情况下才大拆大卸。在清洗液压元件时，要用毛刷或绸布等，尽量不用棉布，更不能用棉纱来擦洗液压元件，以免堵塞微小的通道。

（5）总结经验、记载归档　排除了故障，取得了成绩，应加以总结，总结出经验和教训。将本次产生故障的现象、部位及排除方法的全过程，改进措施、建议等作为原始资料记入设备技术档案保存。

3. 液压系统故障诊断的方法

液压系统故障诊断的方法，一是采用专用仪器的精密诊断法，二是简易诊断法。简易诊断法又称感觉诊断法。它是维修人员利用简单的诊断仪器和人的感觉，结合个人的实践经验对液压系统出现的故障进行诊断的方法。这种方法简便易行，目前仍应用广泛。现主要介绍一下感觉诊断法。

（1）视觉诊断法　即用眼睛观察液压系统工作情况。观察液压缸活塞杆或工作台等运动部件工作时的动作有无、速度快慢、有无跳动爬行；观察各油压点的压力值变化过程、大小及波动；观察油液的温度是多少，油液是否清洁、是否变色，油标指示的油量高低，油黏度的稠淡，油的表面是否有泡沫；观察液压管路各接头处、阀板结合处、液压缸端盖处、液压泵传动轴处等是否有渗漏、滴漏和出现油垢现象；观察从设备加工出来的产品，间接判断运动机构的工作状态、系统压力和流量的稳定性；观察电磁铁的指示灯、指示块，判断电磁铁的工作状态、位置。判断液压元件各油口之间的通断情况，可用灌油法、吹气或吹烟法，出油、出烟气的油口为相通口，不出油、烟气的油口为不通口。

（2）听觉诊断法　即用耳听判断液压系统或液压元件的工作是否正常。一听噪声。听液压泵或液压系统噪声是否过大、频率是否正常、溢流阀等元件是否有啸叫声；听油路板内部是否有微细而连续不断的声音。二听液流声。听液压元件和管道内是否有液体流动声或其他声音；听到管内有"轰轰"声，为压力高而流速快的压力油在油管内的流动声；听到管内有"嗡嗡"声，为管内无油液而液压泵运转时的共振声；听到管内有"哗哗"声，为管内一般压力油的流动声；若一边敲击油管一边听检，听到清脆声，为油管中没有油液，听到闷声为管中有油液。三听冲击声。听工作台换向时冲击声是否过大，液压缸活塞是否有撞击缸底的声音；听电磁换向阀的工作状态，交流电磁铁发出"嗡嗡"声是正常的，若发出冲击声，则是由于阀芯动作过快或电磁铁铁芯接触不良或压力差太大而发出的声响。

听检判断液压油在油管中的流通情况，可用一把螺丝刀，一端贴在耳边，另一端接触被检部位来进行。

（3）触觉诊断法　即用手摸部件感觉部件运动和温升状况。一摸温升。摸液压泵外壳、油箱外壁和阀体外壳、电磁铁线圈的温度，若手指触摸感觉较凉者，约为20℃以下；若手指触摸感觉暖而不烫者，约为30～40℃；若手指触摸感觉热而烫但能忍受者，约为40℃～50℃；若手指触摸感觉烫并只能忍耐2～3 s者，约为50～60℃；若手指触摸感觉烫并急缩回者，约为70℃以上。一般温度在60℃以上是不正常的，就应检查原因。二摸振动。用手摸运动部件和油管，可以感到振动有无和强弱情况。用手摸油管，可判断管内有无油液流动。若手指没有任何振感者，为无油的空油管；若手指有不间断的连续微振感者，为有压力油的油管；若手指有无规则振颤感者，为有少量压力波动油的油管。三摸爬行。用手摸工作台，可判断低速时有无爬行。四摸松紧。用手摇挡铁、行程开关、螺母、接头等，可感觉松紧程度。

（4）嗅觉诊断法　即用鼻闻各种气味。液压油局部的"焦化"气味，指示液压元件局部有发热情况，使周围液压油被烤焦，据此可判断其发热部位。闻液压油是否有臭味或刺鼻味，若有，则说明液压油已严重污染，不能继续使用；闻元件电气部分是否有特殊的电焦味，可以判断电气元件是否烧坏。

感觉判断最关键、最困难的是分辨声音、振动在正常状态和在不正常状态之间的细微区别，这些难以用文字表达描述。这要求诊断者经常去听辨、触摸各种设备在不同状态下的声音、振动，使感觉敏锐，并积累声音、振动的记忆素材。

4. 液压系统拆卸应注意的问题

实行清洗、调整等方法无效后，就要采用拆卸检查。

（1）在拆卸液压系统以前，必须弄清液压回路内是否有残余的压力，需把溢流阀完全松开。拆卸装有蓄能器的液压系统之前，必须把蓄能器所蓄能量全部释放出来。如果不了解系统回路中有无残余压力而盲目拆卸，可能发生重大机械或人身事故。

（2）在拆装受重力作用的部件的时候，应将其放至最低的稳定面，或用稳固的柱子将其支好。不要将柱子支承在液压缸或活塞杆上，以免液压缸承受弯曲力。

（3）液压系统的拆卸最好按部件进行，从待修的机械上拆下一个部件，经性能试验，不合格者才进一步分解拆卸，检查修理。

（4）液压系统内部结构的拆卸操作应十分仔细，以减少损伤。拆下零件的螺纹部分和密封面要防止碰伤。

（5）拆下的细小零件要防止丢失、错乱。在拆卸油管时，要及时在拆下的油管上挂标签，以防装错位置。拆卸下来的泵、电机和阀的油口，要盖好、防尘。

二、液压系统常见故障及排除

液压系统故障诊断困难，但原因找到后，排除故障相对于机械系统则比较容易，多数故障不需要专用工具和特殊技能就能排除，这给了维修人员很大的发挥空间。

液压系统的常见故障和排除方法见表 6-11～表 6-16。

表 6-11　　　　　　液压系统无压力或压力很低原因及排除方法

产 生 原 因	排 除 方 法
1. 液压泵	1. 液压泵
（1）电动机转向错误	（1）改变转向
（2）零件磨损，间隙过大，泄漏严重	（2）修复或更换零件
（3）油箱液面太低，液压泵吸空	（3）补加油液
（4）吸油管路密封不严，造成吸空	（4）检查管路，拧紧接头，加强密封
（5）压油管路密封不严，造成泄漏	（5）同上
2. 溢流阀	2. 溢流阀
（1）弹簧变形或折断	（1）更换弹簧
（2）滑阀在开口位置卡住	（2）修研滑阀，使其移动灵活
（3）锥阀或钢球与阀座密封不严	（3）更换锥阀或钢球，配研阀座
（4）阻尼孔堵塞	（4）清洗阻尼孔
（5）远程控制口接回油箱	（5）切断通油箱的油路

产 生 原 因	排 除 方 法
3. 压力表损坏或失灵，造成无压假象	3. 更换压力表
4. 液压阀卸荷	4. 查明卸荷原因，采取相应措施
5. 液压缸高低压腔相通	5. 修配活塞，更换密封件
6. 系统泄漏	6. 加强密封，防止泄漏
7. 油液黏度太低	7. 提高油液黏度
8. 温升过高，降低了油液黏度	8. 查明发热原因，采取相应措施

表 6-12 运动部件换向冲击的原因及排除方法

产 生 原 因	排 除 方 法
1. 液压缸	1. 消除液压缸冲击
（1）运动速度过快，没有设置缓冲装置	（1）设置缓冲装置
（2）缓冲装置中单向阀失灵	（2）修理缓冲装置中的单向阀
（3）缓冲柱塞间隙太大或太小	（3）按要求修理、配制缓冲柱塞
2. 节流阀开口过大	2. 调整节流阀开口
3. 换向阀	3. 减缓换向阀关闭或开启的速度
（1）换向阀的换向动作过快	（1）控制换向速度
（2）液动阀的阻尼器调整不当	（2）调整阻尼器的节流口
（3）液动阀的控制流量过大	（3）减小控制油的流量
4. 压力阀	4. 采用性能好的压力阀
（1）工作压力调整太高	（1）调整压力阀，适当降低工作压力
（2）溢流阀发生故障，压力突然升高	（2）排除溢流阀故障
（3）背压过低或没有设置背压阀	（3）设置背压阀，适当提高背压
5. 垂直运动的液压缸没平衡措施	5. 设置平衡阀
6. 混入空气	6. 加强密封
（1）系统密封不严，吸入空气	（1）加强吸油管路密封
（2）停机时油液流空	（2）防止元件油液流空
（3）液压泵吸空	（3）补足油液，减小吸油阻力

表 6-13 运动部件爬行的原因及排除方法

产 生 原 因	排 除 方 法
1. 系统负载刚度太低	1. 改进回路设计
2. 节流阀或调速阀流量不稳定	2. 选用流量稳定性好的流量阀
3. 液压缸产生爬行	3. 消除爬行
（1）混入空气	（1）排除空气

续表

产　生　原　因	排　除　方　法
（2）运动密封件装配过紧	（2）调松密封件
（3）活塞杆弯曲	（3）校直
（4）活塞杆端部螺母拧太紧，别弯活塞杆	（4）略松螺母，使活塞杆处于自然状态
（5）导轨润滑不良	（5）保持良好润滑
（6）液压缸中心线与导轨不平行	（6）重新安装
（7）液压缸内孔锈蚀、拉毛	（7）除去锈蚀、拉毛，或重新镗磨
4．混入空气	4．防止空气进入
（1）油箱液面过低，吸油不畅	（1）补加液压油
（2）过滤器堵塞	（2）清洗过滤器
（3）吸、回油管相距太近	（3）将吸、回油管远离
（4）回油管未插入油面以下	（4）将回油管插入油液之下
（5）吸油管路密封不严，造成吸空	（5）加强密封
（6）机械停止运动时，系统油液流空	（6）设背压阀或单向阀，防止油液流空
5．油液污染	5．保持油液清洁
（1）污物卡住运动零件，增大摩擦阻力	（1）清洗元件，更换油液、加强过滤
（2）污物堵塞节流孔，引起流量变化	（2）清洗液压阀，更换油液、加强过滤
6．油液黏度不适当	6．用指定黏度的液压油
7．导轨摩擦力	7．使摩擦力小而稳定
（1）工作台导轨楔铁或压板调整过紧	（1）重新调整
（2）导轨精度不高，接触不良	（2）按规定刮研导轨，保持良好接触
（3）润滑油不足或选用不当	（3）改善润滑条件

表 6-14　　　　　　　　　　　　油温过高的原因及排除方法

产　生　原　因	排　除　方　法
1．系统设计不合理，压力损失过大，效率低	1．改进回路设计，采用变量泵或卸荷措施
2．工作压力过大	2．降低工作压力
3．泄漏严重，容积效率低	3．加强密封
4．管路太细而且弯曲，压力损失大	4．加大管径，缩短管路，使油流通畅
5．相对运动零件间的摩擦力过大	5．提高零件加工装配精度，减小摩擦力
6．油液黏度过大	6．选用黏度适当的液压油
7．油箱容积小，散热条件差	7．增大油箱容积，改善散热条件，设置冷却器
8．由外界热源引起温升	8．隔绝热源

表 6-15   液压系统泄漏的原因及排除方法

产 生 原 因	排 除 方 法
1. 密封件损坏或装反	1. 更换密封件，改正安装方向
2. 管接头松动	2. 拧紧管接头
3. 单向阀阀芯磨损，阀座损坏	3. 更换阀芯，配研阀座
4. 相对运动零件磨损，间隙过大	4. 更换磨损的零件，减小配合间隙
5. 某些铸件有气孔、砂眼等缺陷	5. 更换铸件或修补缺陷
6. 压力调整过高	6. 降低工作压力
7. 油液黏度太低	7. 选用适当黏度的液压油
8. 工作温度太高	8. 降低工作温度或采取冷却措施

表 6-16   振动和噪声的原因及排除方法

产 生 原 因	排 除 方 法
1. 液压泵内部产生振动和噪声	1. 修理液压泵
2. 液压泵流量、压力脉动太大	2. 选用脉动小的液压泵
3. 溢流阀产生振动和噪声	3. 修理溢流阀
（1）阀芯与阀座接触不良或磨损	（1）修研阀芯或更换
（2）阀芯卡住	（2）清洗或修整阀体和阀芯
（3）阻尼孔堵塞	（3）疏通阻尼孔
（4）调压弹簧损坏	（4）更换弹簧
4. 溢流阀与其他元件发生共振	4. 调整压力或更换阀的型号，改变系统的固有振动频率
5. 换向阀产生振动和噪声	5. 防止换向阀产生振动和噪声
（1）电磁铁吸合不严	（1）修理衔铁
（2）阀芯卡住	（2）清洗或修整阀体和阀芯
（3）电磁铁焊接不良	（3）焊修
（4）弹簧损坏或太硬	（4）更换弹簧
6. 管路产生的振动和噪声	6. 合理选择和安装管路
（1）管路直径太小	（1）加大管路直径
（2）管路弯曲过多或过长	（2）改变管路布局和支撑
（3）管路与阀产生共振	（3）改变管路长度、增加管夹
7. 液压缸加工装配误差大，密封过紧	7. 更换或修理不合格零件，重新装配，合理调整密封装置松紧
8. 由冲击引起振动和噪声	8. 见"运动部件换向冲击的原因及排除方法"
9. 由外界振动引起的系统振动	9. 采取隔振措施
10. 电动机、泵转动引起的振动和噪声	10. 采取缓振、加固措施

观察与实践

排除简单的液压故障。

思考与练习

液压系统故障诊断的方法有哪些?

一、填空题

1. 金属硬管配管试装后拆下,要经_____去锈,_____中和,_____清洁,然后_____,方可转入正式安装。

2. 调试的一般步骤如下:_____、_____、_____。

3. 维护保养分_____、_____、_____ 3 种方式。

4. 液压油的污染是指工作油液中侵入_____、_____、_____、_____、_____、_____、_____等硬性物质以及_____。它们是设备发生各种故障的祸根。

5. 目前常用的排查液压故障的方法有_____和_____。

6. 排除故障时应按"_____、_____、_____、_____"的原则进行。

7. 触觉诊断法一摸_____,二摸_____,三摸_____,四摸_____。

8. 液压系统故障特点有_____、_____、_____、_____。

9. 感觉诊断法有_____、_____、_____、_____。

二、判断题

1. 液压系统与同等复杂程度的机械式或电气式机构相比,寻找故障部位比较困难。(　　　)

2. 现场操作者提供的情况是第一手情况,十分准确可靠。(　　　)

3. 回油管口要远离进油口,以减少进油阻力。(　　　)

4. 泄油管路不可露于油面上,应插入油面以下足够深度,否则会引起飞溅,激起泡沫。(　　　)

5. 工作中应随时注意油位高度和温升,一般油液的工作温度不超过室温。(　　　)

6. 液压系统在拆卸时,为提高效率,各部件可分组同时进行。(　　　)

7. 液压油局部的"焦化"气味,与电气元件的电焦味十分相似。(　　　)

8. 调节缓冲节流阀节流口,应先调在较大的位置上,然后逐渐调小。(　　　)

9. 防止油温过高,最好控制在 40℃以下。(　　　)

10. 液压元件清洗后,要用细棉纱来擦干。(　　　)

三、选择题

1. 回油管口要切成_____斜角，并远离进油口。

   A. 45°　　　　　　B. 60°　　　　　　C. 90°　　　　　　D. 180°

2. 油液污染引起的故障约占液压系统故障总数的_____%以上。

   A. 25　　　　　　B. 50　　　　　　C. 75　　　　　　D. 90

3. 要防止油温过高，最好控制在_____℃以下。

   A. 25　　　　　　B. 50　　　　　　C. 60　　　　　　D. 75

4. 液压泵与电机的连接轴有同轴度要求，一般要求偏心量小于_____。

   A. 0.1 mm　　　　B. 1.0 mm　　　　C. 1°　　　　　　D. 0.1°

5. 空载调试前，先将各压力阀的调压弹簧_____。

   A. 调紧　　　　　B. 调松　　　　　C. 调至工作位置

6. 液压系统的以下压力元件中，调整压力最低的是_____。

   A. 安全阀　　　　B. 溢流阀　　　　C. 背压阀　　　　D. 压力继电器

Chapter 7

项目七

| 气压传动 |

气压传动与液压传动统称为流体传动，都是利用有压流体（液体或气体）作为工作介质来传递动力或控制信号的一种传动方式。气动技术由风动技术和液压技术演变、发展而来，其作为一门独立的技术门类的历史至今还不到 50 年。由于气压传动的动力传递介质是取之不尽的空气，环境污染小，工程实现容易，所以在自动化领域中充分显示出了它强大的生命力和广阔的发展前景。气动技术在机械、电子、钢铁、运输车辆及橡胶、纺织、轻工、化工、食品、包装、印刷、烟草等各个制造行业，尤其在各种自动化生产装备和生产线中得到了非常广泛的应用，成为当今应用最广、发展最快，也最易被接受和重视的技术之一。

 ## 气压传动的基本认识

【知识目标】

（1）掌握气压传动的工作原理。

（2）掌握气动系统的组成及特点。

（3）了解空气的特性。

【能力目标】

（1）能说出气压传动的基本工作过程。

（2）知道气动系统的组成及特点。

（3）知道空气的特性。

一、气压传动的工作原理

气压传动与液压传动的基本工作原理是相似的。它们都是执行元件在控制元件的控制下，将传动介质（压缩空气或液压油）的压力能转换为机械能，从而实现对执行机构运动的控制。图 7-1 显示了气压执行机构的活塞在控制元件（换向阀）的控制下实现运动的过程。

在图 7-1 所示的单作用缸动作控制示意图中，按下换向阀 4 的按钮前，进气口 5 封闭，单作用缸的活塞 2 由于弹簧的作用力处于缸体的左侧。按下按钮后，换向阀 4 切换到左位，使压缩空气进气口 5 与缸的无杆腔相通，压缩空气推动活塞克服摩擦力和弹簧的反向作用力，向右运动，带动活塞杆向外伸出。松开按钮，换向阀 4 在弹簧力的作用下回到右位，进气口 5 再次封闭，缸的无杆腔与排气口 6 相通，由于气压作用在活塞左侧的推力消失，在缸复位弹簧的弹力作用下，活塞杆缩回。这样就实现了单作用缸活塞杆在气压和弹簧作用下的直线往复运动。

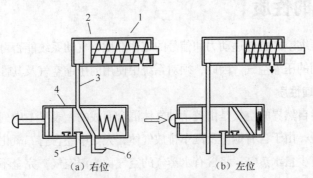

（a）右位　　　　　　　　　（b）左位

1—单作用缸；2—活塞；3—连接管；4—按钮式二位三通换向阀；5—进气口；6—排气口。

图7-1　单作用气压缸动作控制示意图

二、气压传动系统的组成

图 7-2 为一个气动系统的回路图。气动三联件 1Z1 用于对压缩空气进行过滤、减压和注入润滑油雾，按钮 1S1、1S2 信号经梭阀 1V2 处理后控制主控换向阀 1V1 切换到左位，使气缸 1A1 伸出；行程阀 1S3 则在气缸活塞杆伸出到位后，发出信号，控制 1V1 切换回右位，使气缸活塞杆缩回。

由上面的例子可以看出，气压传动系统主要由以下几个部分组成。

（1）气源装置：把机械能转换成气体的压力能的装置，一般常见的是空气压缩机。

（2）气动执行元件：把气体的压力能转换成机械能的装置，一般指气压缸和气压电机。

（3）气动控制元件：对气压系统中气体的压力、流量和流动方向进行控制和调节的装置。

（4）辅助装置：使压缩空气净化、润滑、消声，以及用于元件间连接等所需的装置，如各种过滤器、油雾器、消声器、管件等。

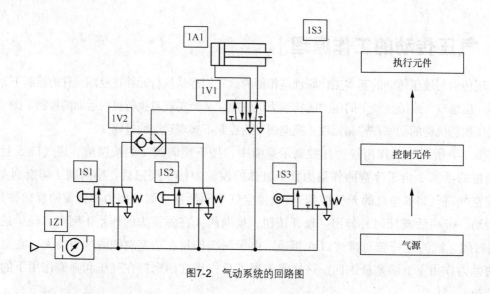

图7-2　气动系统的回路图

三、压缩空气的性质

在气动系统中，压缩空气是传递动力和信号的工作介质，气动系统能否可靠地工作，在很大程度上取决于系统中所用的压缩空气。因此，须对系统中使用的压缩空气及其性质作必要的了解。

1. 压缩空气的物理性质

（1）空气的组成　自然界的空气是由若干种气体混合而成的，表 7-1 中列出了地表附近空气的组成。在城市和工厂区，由于含有烟雾及汽车排放气体，大气中还含有二氧化硫、亚硝酸、碳氢化合物等。空气里常含有少量水蒸气，将含有水蒸气的空气称为湿空气，完全不含水蒸气的空气称为干空气。

表 7-1　　　　　　　　　　　　　　　　空气的组成

成分	氮（N_2）	氧（O_2）	氩（A_r）	二氧化碳（CO_2）	氢（H_2）	其他气体
体积分数（%）	78.03	20.95	0.93	0.03	0.01	0.05

（2）空气的密度　单位体积内所含气体的质量称为密度，用 ρ 表示。单位为 kg/m^3。

$$\rho = \frac{m}{V} \tag{7-1}$$

式中，m 表示空气的质量，单位为 kg；V 表示空气的体积，单位为 m^3。

空气的密度大小与气温、海拔等因素有关，海拔越高密度越低。我们一般采用的空气密度是指在 0℃、标准大气压下的空气密度，为 $1.29\ kg/m^3$。通常情况下，即 20℃时，取 $1.205\ kg/m^3$。

（3）空气的黏性　黏性是由于分子之间的内聚力，在分子间相对运动时产生内摩擦力，而阻碍其运动的性质。与液体相比，气体的黏性要小得多。空气的黏性主要受温度变化的影响，且随温度的升高而增大，其与温度的关系见表 7-2。

表 7-2		空气的运动黏性与温度的关系（压力为 0.1MPa）							
t（℃）	0	5	10	20	30	40	60	80	100
ν（$10^{-4}\mathrm{m^2s^{-1}}$）	0.133	0.142	0.147	0.157	0.166	0.176	0.196	0.21	0.238

没有黏性的气体称为理想气体。在自然界中，理想气体是不存在的。当气体的黏性较小，沿气体流动方向的法线方向的速度变化也不大时，由于黏性产生的黏性力与气体所受的其他作用力相比可以忽略，这时的气体便可当作理想气体。理想气体具有重要的实用价值，可以使问题的分析大为简化。

（4）湿空气　空气中的水蒸气在一定条件下会凝结成水滴。水滴不仅会腐蚀元件，而且会对系统工作的稳定性带来不良影响。因此不仅各种气动元器件对空气含水量有明确规定，而且常需要采取一些措施防止水分进入系统。

湿空气中含水蒸气的程度用湿度和含湿量来表示，而湿度的表示方法有绝对湿度和相对湿度之分。

① 绝对湿度　1m³ 湿空气中所含水蒸气的质量称为绝对湿度。也就是湿空气中水蒸气的密度。空气中水蒸气的含量是有极限的。在一定温度和压力下，空气中所含水蒸气达到最大极限时，这时的湿空气叫做饱和湿空气。1m³ 的饱和湿空气中，所含水蒸气的质量称为饱和湿空气的绝对湿度。

② 相对湿度　在相同温度、相同压力下，绝对湿度与饱和绝对湿度之比称为该温度下的相对湿度。一般湿空气的相对湿度值在 0～100% 之间变化。通常情况下，空气的相对湿度在 60%～70% 范围内时，人体感觉舒适。气动技术中规定各种阀的相对湿度应小于 95%。

③ 含湿量　空气的含湿量指 1kg 质量的干空气中所混合的水蒸气的质量。

④ 露点　保持水蒸气压力不变而降低未饱和湿空气的温度,使之达到饱和状态时的温度叫做露点。温度降到露点以下，湿空气便有水滴析出。冷冻干燥法去除湿空气中的水分，就是利用这个原理。

2. 压缩空气的污染

由于压缩空气中的水分、油污和灰尘等杂质不经处理直接进入管路系统时，会对系统造成不良后果，所以气压传动系统中所使用的压缩空气必须预先经过干燥和净化处理。压缩空气中的杂质来源主要有以下几个方面。

（1）由系统外部通过空气压缩机等设备吸入的杂质。即使在停机时，外界的杂质也会从阀的排气口进入系统内部。

（2）系统运行时内部产生的杂质。如：湿空气被压缩、冷却，就会出现冷凝水；压缩机油在高温下会变质，生成油泥；管道内部产生的锈屑；相对运动件磨损而产生的金属粉末和橡胶细末；密封和过滤材料的细末，等等。

（3）系统安装和维修时产生的杂质。如安装、维修时未清除掉的铁屑、毛刺、纱头、焊接氧化皮、铸砂、密封材料碎片等。

3. 空气的质量等级

随着机电一体化程度的不断提高，气动元件日趋精密。气动元件本身的低功率、小型化、集成化，以及微电子、食品和制药等行业对作业环境的严格要求和污染控制，都对压缩空气的质量要求和净化提出了更高的要求。不同的气动设备，对空气质量的要求不同。空气质量低劣，优良的气动设备也会频繁发生事故，从而缩短使用寿命。但如对空气质量提出过高要求，又会增加压缩空气的成本。

表 7-3 为 ISO8573.1 标准以对压缩空气中的固体尘埃颗粒、含水率（以压力露点形式要求）和含油率的要求划分的压缩空气的质量等级。我国采用的 GB/T13277—91《一般用压缩空气质量等级》等效采用 ISO8573 标准。

表 7-3　　　　　　　　　压缩空气的质量等级（ISO8573.1）

等　　级	最大粒子		压力露点（最大值）	最大含油量
	尺寸（μm）	浓度（mg/m³）	（℃）	（mg/m³）
1	0.1	0.1	-70	0.01
2	1	1	-40	0.1
3	5	5	-20	1.0
4	15	8	+3	5
5	40	10	+7	25
6	—	—	+10	—
7	—	—	不规定	—

四、供气管线

1. 气动系统的供气系统管道组成

（1）压缩空气站内气源管道　包括压缩机的排气口至后冷却器、油水分离器、储气罐、干燥器等设备的压缩空气管道。

（2）厂区压缩空气管道　包括从压缩空气站至各用气车间的压缩空气输送管道。

（3）用气车间压缩空气管道　包括从车间入口到气动装置和气动设备的压缩空气输送管道。

压缩空气管道主要分硬管和软管 2 种。硬管主要用于高温、高压及固定安装的场合，应选用不易生锈的管材（紫铜管或镀锌钢管），避免空气中水分导致管道锈蚀，而产生污染。气动软管一般用于工作压力不高、工作温度低于 50℃以及设备需要移动的场合。目前常用的气动软管为尼龙管或 PV 管，其受热后会使耐压能力大幅下降，易出现管道爆裂，长期受热辐射后会缩短其使用寿命。

2. 供气系统管道的设计原则

（1）满足供气压力和流量要求　若工厂中的各气动设备、气动装置对压缩空气气源压力有多种要求，则气源系统管道必须满足最高压力要求。若仅采用同一个管道系统供气，对要求较低供气压力的气动装置可通过减压阀减压来实现。

气源供气系统管道的管径大小取决于供气的最大流量和允许压缩空气在管道内流动的最大压力损失。为避免在管道内流动时产生较大的压力损失，压缩空气在管道中的流速一般应小于 25 m/s。一般对于较大型的空气压缩站，在厂区范围内，从管道的起点到终点，压缩空气的压力降不能超过气源初始压力的 8%；在车间范围内，不能超过供气压力的 5%。若超过了，可采用增大管道直径的办法来解决。

（2）满足供气的质量要求　如果气动系统中多数气动装置无气源供气质量要求，可采用一般供气系统。若气动装置对气源供气质量有不同的要求，且采用同一个气源管道供气，则其中对气源供气质量要求较高的气动装置，可采取就近设置小型干燥过滤装置或空气过滤器来解决。若绝大多数气动装置或所有装置对供气质量都有质量要求，就应采用清洁供气系统，即在空压站内气源部分设置必要的净化和干燥装置，并用同一管道系统给气动装置供气。

（3）满足供气的可靠性、经济性要求　科学合理的管道布局是决定供气系统能否经济、可靠运行的决定因素。一般可以将供气网设计为环形馈送形式来提高供气的可靠性和压力的恒定，如图 7-3 所示。

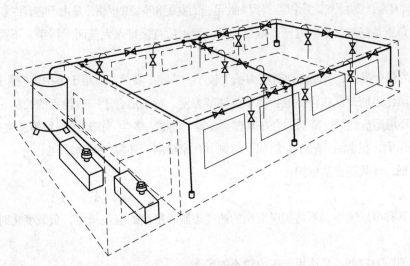

图7-3　环形管网供气系统示意图

（4）防止管路中沉积的水分对设备设备造成污染　如图 7-4 所示，长管路不应水平布置，而应有 1%～2%的斜度，以方便管道中的冷凝液的排出，并应在管路终点设置集水罐，以便定期排放沉积的污水。分支管路及气动设备从主供气管路上接出压缩空气时，必须从主供气管路的上方大角度拐弯后再接出，以防止冷凝水流入分支管路和设备。各压缩空气净化装置和管路中排出的污物，也应设置专门的排放装置，进行定期排放。

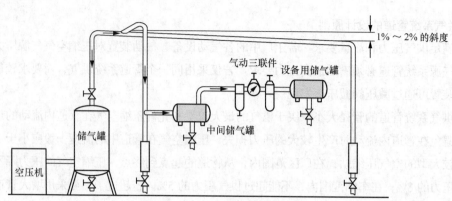

图7-4　供气系统管道布局示意图

五、气压传动的特点

自20世纪80年代以来，自动化技术得到迅速发展。自动化实现的主要方式有：机械方式、电气方式、液压方式和气动方式等。这些方式都有各自的优缺点和适用范围。任何一种方式都不是万能的。在对实际生产设备、生产线进行自动化设计和改造时，必须对各种技术进行比较，扬长避短，选出最适合的方式或几种方式的组合，以使设备更简单、更经济，工作更可靠、更安全。

1. 优点

综合各方面因素，气动系统之所以能得到如此迅速的发展和广泛的应用，是由于它有许多突出的优点。

（1）工作介质是空气，来源方便，取之不尽，使用后直接排入大气而无污染，不需要设置专门的回气装置。

（2）空气的黏度很小，所以流动时压力损失较小，节能、高效，适用于集中供应和远距离输送。

（3）气动动作迅速，反应快，维护简单，调节方便，特别适合于一般设备的控制。

（4）工作环境适应性好。特别适合在易燃、易爆、潮湿、多尘、振动、辐射等恶劣条件下工作，外泄漏不污染环境，在食品、轻工、纺织、印刷、精密检测等环境中最为适宜。

（5）成本低，过载能自动保护。

2. 缺点

（1）空气具有可压缩性，不易实现准确的速度控制和很高的定位精度，负载变化时对系统的稳定性影响较大。

（2）空气的压力较低，只适用于压力较小的场合。

（3）气动装置的噪声也大，高速排气时要加消声器。

（4）空气无润滑性能，故在气路中应设置润滑装置。

观察与实践

观看气动实验台的工作，比较它与液压传动的不同。

思考与练习

（1）气压传动与液压传动相比有什么优点？

（2）气动系统由哪几部分组成？

 气源装置与气源处理装置的原理结构

【知识目标】

（1）掌握气源装置各组成部分的作用。

（2）掌握气源装置各组成部分的工作原理。

（3）掌握气源处理装置各部分的作用。

（4）掌握气源处理装置各部分的工作原理。

【能力目标】

（1）熟悉各气源装置及气源处理装置的职能符号及其作用。

（2）能认识各类元件，知道元件的工作原理。

由产生、处理和储存压缩空气的设备组成的系统称为气源系统。气源系统用于为气动装置提供符合要求的压缩空气。气源系统一般由气压发生装置、空气净化处理装置以及压缩空气传输管道构成。

一、空气压缩站

空气压缩站（简称空压站）是为气动设备提供压缩空气的动力源装置，是气动系统的重要组成部分。对于一个气动系统来说，一般规定：排气量大于或等于 $6\sim12\ m^3/min$ 时，就应独立设置压缩站；若排气量低于 $6\ m^3/min$，可将压缩机或气泵直接安装在主机旁。

对于一般的空压站，除空气压缩机（简称空压机）外，还必须设置过滤器、后冷却器、油水分离器和储气罐等装置。如图 7-5 和图 7-6 所示，空压站的布局根据对压缩空气的不同要求，可以有多种不同的形式。

1. 空气压缩机

空气压缩机是空压站的核心装置，它的作用是将电动机输出的机械能转换成压缩空气的压力能，供给气动系统使用。

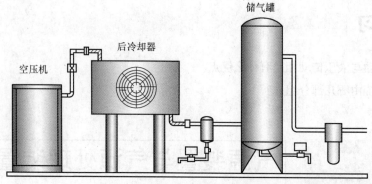

图7-5 压缩空气质量要求一般的空压站

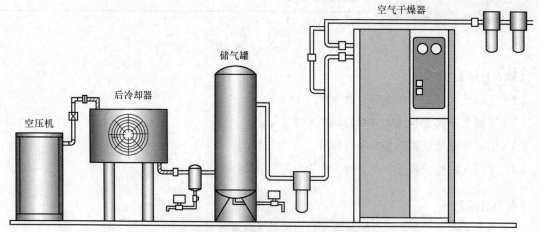

图7-6 压缩空气质量要求严格的空压站

（1）分类 空气压缩机按压力大小可分成低压型（0.2～1.0 MPa）、中压型（1.0～10 MPa）和高压型（>10 MPa）几种类型。

按工作原理的不同，空气压缩机则可分成容积型和速度型。容积型空压机的工作原理是将一定量的连续气流限制于封闭的空间里，通过缩小气体的容积来提高气体的压力。按结构不同，容积式空压机又可分成往复式（活塞式和膜片式等）和旋转式（滑片式和螺杆式等）2 种形式，如图 7-7 所示。

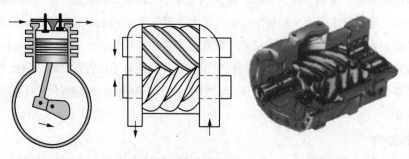

（a）活塞式空压机   （b）螺杆式空压机原理图   （c）螺杆式空压机实物图

图7-7 容积型空气压缩机工作原理图

速度型空压机是通过空压机提高气体流速，并使其突然受阻而停滞，将其动能转化成压力能，来提高气体的压力的。速度型空压机主要有离心式、轴流式、混流式等几种，如图7-8所示。

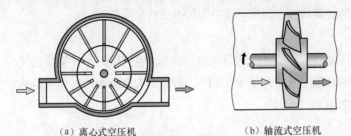

（a）离心式空压机　　　　　　（b）轴流式空压机

图7-8　速度型空气压缩机工作原理图

（2）空压机的选用　空气压缩机主要依据工作可靠性、经济性与安全性进行选择。

① 排气压力和排气量　根据国家标准，一般用途空气动力用压缩机排气压力为 0.7 MPa，老标准为 0.8 MPa。排气量的大小也是空压机的主要参数之一。选择空压机的排气量要和自己所需的排气量相匹配，并留有10%左右的余量。

② 用气的场合和条件　用气的场合和环境也是选择压缩机形式的重要因素。如用气场地狭小，应选立式空压机；如船用、车用；如用气的场合做长距离的变动（超过 500 m），则应考虑移动式；如果使用的场合不能供电，则应选择柴油机驱动式；如果使用场合没有自来水，就必须选择风冷式。

③ 压缩空气的质量　一般空压机产生的压缩空气均含有一定量的润滑油，并有一定量的水。有些场合是禁油和禁水的，这时不但对要注意压缩机的选型，必要时还要增加附属装置。解决的办法大至有如下 2 种。一是选用无油润滑压缩机，这种压缩机气缸中基本上不含油，其活塞环和填料一般为聚四氟乙烯。这种机器也有缺点，首先是润滑不良，故障率高；另外，聚四氟乙烯也是一种有害物质，像食品、制药行业不能使用；无润滑压缩机只能做到输气不含油，不能做到不含水。二是采用油润滑空压机，再进行净化。通常的做法是无论哪种空压机再加一级或二级净化装置或干燥器。这种装置可使压缩机输出的空气既不含油又不含水，使压缩空气中的含油水量在 5ppm 以下，以满足工艺要求。

④ 运行的安全性　空压机是一种带压工作的设备，工作时伴有温升和压力，其运行的安全性要放在首位。空压机在设计时除安全阀之外，还必须设有压力调节器，实行超压卸荷双保险。只有安全阀而没有压力调节阀，不但会影响机器的安全系数，也会使运行的经济性降低。

国家对压缩机的生产实行了规范化的两证制度，即压缩机生产许可证和压力容器生产许可证（储气罐）。因此在选购压缩机产品时，还要严格审查两证。

2. 储气罐

储气罐的主要作用如下。

（1）储存压缩空气。一方面可解决短时间内用气量大于空压机输出气量的矛盾；另一方面可在空压机出现故障或停电时，作为应急气源维持短时间供气，以便采取措施保证气动设备的安全。

（2）减小空压机输出气压的脉动，稳定系统气压。

（3）降低压缩空气温度，分离压缩空气中的部分水分和油分。

储气罐的容积是根据其主要使用目的（消除压力脉动、储存压缩空气、调节用气量）来进行选择的。应当注意的是由于压缩空气具有很强的可膨胀性，所以在储气罐上必须设置安全阀来保证安全。储气罐底部还装有排污阀，用来对罐中的污水进行定期排放。

3. 后冷却器

空压机输出的压缩空气温度可以达到 120℃以上，空气中的水分完全呈气态。后冷却器的作用就是将空压机出口的高温空气冷却至 40℃以下，将其中大部分水蒸气和变质油雾冷凝成液态水滴和油滴，从空气中分离出来。

二、气源处理装置

空气质量不良是气动系统出现故障的最主要原因。空气中的污染物会使气动系统的可靠性和使用寿命大大降低，由此造成的损失大大超过气源处理装置的成本和维修费用。常用的空气净化装置主要有除油器、空气干燥器和空气过滤器。

1. 除油器（油水分离器）

除油器用于分离压缩空气中所含的油分和水分。其工作原理主要是利用回转离心、撞击、水洗等方法使水滴、油滴及其他杂质颗粒从压缩空气中分离出来，以净化压缩空气。

除油器的结构形式有：环形回转式、撞击并折回式、离心旋转式、水浴并旋转离心式等。为保证良好的分离效果，必须使气流回转后的上升速度缓慢，同时保证其有足够的上升空间。

2. 空气干燥器

空气干燥器是吸收和排除压缩空气中水分和部分油分与杂质，使湿空气成为干空气的装置。压缩空气的干燥方法有冷冻法、吸附法、吸收法和高分子隔膜干燥法。

压缩空气经后冷却器、油水分离器、储气罐、主管路过滤器和空气过滤器得到初步净化后，仍含有一定量的水蒸汽。过多的水分经压缩空气带到各零部件上，气动系统的使用寿命会明显缩短。安装空气干燥器会使系统中的水分含量降低到要求的水平，但不能清除油分。

3. 空气过滤器

空气过滤器主要用于除去压缩空气中的固态杂质、水滴和油污等污染物，是保证气动设备正常运行的重要元件。按过滤器的排水方式，其可分为手动排水式和自动排水式。

空气过滤器的过滤原理是根据固体物质和空气分子的大小和质量不同，利用惯性、阻隔和吸附的方法将灰尘和杂质与空气分离。空气过滤器的工作原理如图 7-9 所示。

当压缩空气从左向右通过过滤器时，经过叶栅 1 导向之后，被迫沿着滤杯 2 的圆周向下做旋转运动。旋转产生的离心力使较重的灰尘颗粒、小水滴和油滴由于自身惯性的作用与滤杯 2 内壁碰撞，并从空气中分离出来流至杯底沉积起来。其后压缩空气流过滤芯 3，进一步过滤去更加细微的杂质微粒，最后经输出口输出的压缩空气供气动装置使用。为防止气流旋涡卷起存于杯中的污水，在滤芯下部设有挡水板 4。手动排水阀 5 必须在液位达到挡水板前定期开启以放掉积存的油、水和杂质。空气过滤器必须垂直安装，滤芯 3 应定期清洗或更换。

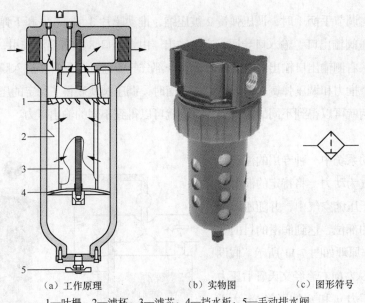

（a）工作原理　　　　　　（b）实物图　　　　（c）图形符号

1—叶栅；2—滤杯；3—滤芯；4—挡水板；5—手动排水阀。

图7-9　空气过滤器工作原理及实物图

4. 调压阀（减压阀）

空压站输出的压缩空气压力一般都高于气动装置所需的压力，其压力波动较大。调压阀的作用是将较高的输入压力调整到符合设备使用要求的压力，并保持输出压力稳定。由于调压阀的输出压力必然小于输入压力，所以调压阀也常被称为减压阀。调压阀按调压方式可分为直动式调压阀和先导式调压阀2种。直动式调压阀是利用手柄直接调节弹簧来改变输出压力的，而先导式调压阀是用预先调好压力的压缩空气来代替调压弹簧进行调压的。

图 7-10 为直动式调压阀的工作原理和实物图。

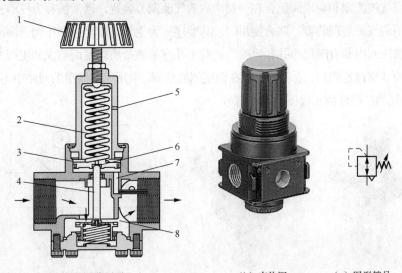

（a）工作原理　　　　　　（b）实物图　　　　（c）图形符号

1—手柄；2—调压弹簧；3—膜片；4—阀芯；5—溢流孔；6—下弹簧座；7—阻尼管；8—阀口。

图7-10　直动式调压阀工作原理及实物图

当顺时针方向调节手柄 1 时，调压弹簧 2 被压缩，推动膜片 3、阀芯 4 和下弹簧座 6 下移，使阀口 8 开启，减压阀输出口、输入口导通，产生输出。由于阀口 8 具有节流作用，气流流经阀口 8 后压力降低，并从右侧输出口输出。与此同时，有一部分气流通过阻尼管 7 进入膜片 3 下方产生向上的推力。当这个推力和调压弹簧 2 的作用力相平衡时，调压阀就获得了稳定的压力输出。通过旋紧或旋松调节手柄就可以得到不同的阀口大小，也就可以得到不同的输出压力。

5. 油雾器

油雾器是气动系统中一种专用的注油装置。它以压缩空气为动力，将特定的润滑油喷射成雾状混合于压缩空气中，并随压缩空气进入需要润滑的部位，达到润滑的目的。

油雾器的工作原理如图 7-11 所示。假设压力为 p_1 的气流从左向右流经文氏管后压力降为 p_2，当输入压力 p_1 和 p_2 的压差 Δp 大于把油吸到排出口所需压力 ρgh（ρ 为油液密度）时，油被吸到油雾器上部，在排出口形成油雾并随压缩空气输送到需润滑的部位。

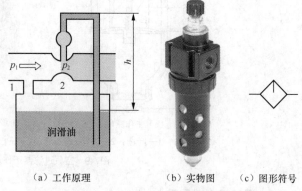

（a）工作原理　　　　（b）实物图　　（c）图形符号

图7-11　油雾器的工作原理及实物图

在工作过程中，油雾器油杯中的润滑油位应始终保持在油杯上下限刻度线之间。油位过低会导致油管露出液面吸不上油；油位过高会导致气流与油液直接接触，带走过多润滑油，造成管道内油液沉积。

许多气动应用领域如食品、药品、电子等行业是不允许油雾润滑的，而且油雾还会影响测量仪的测量准确度并对人体健康造成危害，所以目前不给油润滑（无油润滑）技术正在逐渐普及。

6. 气动三联件

油雾器、空气过滤器和调压阀组合在一起构成的气源调节装置，通常被称为气动三联件，它是气动系统中常用的气源处理装置。联合使用时，其顺序应为空气过滤器—调压阀—油雾器，不能颠倒。这是因为调压阀内部有阻尼小孔和喷嘴，这些小孔容易被杂质堵塞而造成调压阀失灵。为避免油雾器中产生的油雾被过滤掉，应将其安装在调压阀的后面。采用无油润滑的回路中不需要油雾器。图 7-12 所示为气动三联件的实物图和图形符号。

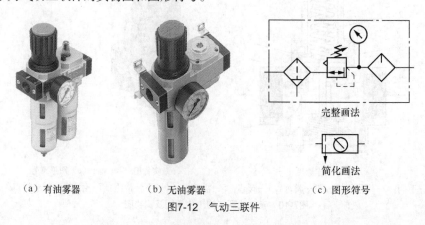

（a）有油雾器　　　　（b）无油雾器　　　　（c）图形符号

图7-12　气动三联件

观察与实践

观察气动实验台，找出其中的气源装置和气源处理装置。

思考与练习

（1）什么是气动三联件？每个元件起什么作用？

（2）气源装置包括哪些设备？这些设备的作用是什么？

（3）气动三联件的连接顺序是什么？为什么这样连接？

任务三　气动执行元件与控制元件

【知识目标】

（1）掌握气动执行元件的工作原理。

（2）掌握气动控制元件的工作原理。

【能力目标】

（1）熟悉气动执行元件、气动控制元件的职能符号及其作用。

（2）能认识各气动执行元件、气动控制元件，知道元件的工作原理。

一、气动执行元件

在气动系统中将压缩空气的压力能转换为机械能，驱动工作机构作直线往复运动、摆动或者旋转的元件称为气动执行元件。按运动方式的不同，气动执行元件可以分为气缸、摆动缸和气电机。

1. 气缸

气缸是气压传动系统中使用最多的一种执行元件。最常用的是普通气缸，即在缸筒内只有一个活塞和一根活塞杆的气缸，主要有单作用气缸和双作用气缸两种。

（1）单作用气缸　单作用气缸只能在一个方向上做功。活塞的反向动作靠复位弹簧或施加外力来实现。由于压缩空气只能在一个方向上控制气缸活塞的运动，所以称之为单作用气缸，如图7-13（a）所示。

（2）双作用气缸　双作用气缸活塞的往返运动是依靠压缩空气从缸内被活塞分隔开的两个腔室（有杆腔、无杆腔）交替进入和排出来实现的。压缩空气可以在2个方向上做功。由于气缸活塞的往复运动全部靠压缩空气来完成，所以称之为双作用气缸，如图7-13（b）所示。

（a）单作用气缸　　（b）双作用气缸　　　　（c）实物图片

图7-13　气缸

（3）其他类型的气缸　除上面所述最常用的单作用、双作用气缸外，还有无杆气缸、导向气缸、双出杆气缸、多位气缸、气囊气缸、气动手指，等等。

2. 摆动气缸

摆动气缸是利用压缩空气驱动输出轴在小于 360°的角度范围内的做往复摆动的气动执行元件，多用于物体的转位、工件的翻转、阀门的开闭等场合。

摆动气缸按结构特点可分为叶片式、齿轮齿条式 2 大类。

3. 气动电机

气动电机是将压缩空气的压力能转换为连续旋转运动的气动执行元件的机械能。在气压传动中应用最广泛的是叶片式气动电机和活塞式气动电机。如图 7-14、图 7-15 所示。

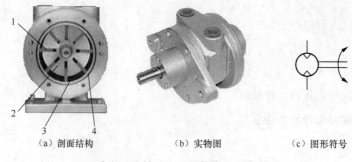

（a）剖面结构　　　　　（b）实物图　　　　（c）图形符号

1—叶片；2—转子；3—工作腔；4—定子。

图7-14　叶片式气动电机剖面结构及实物图

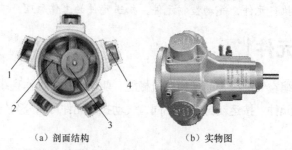

（a）剖面结构　　　　　（b）实物图

1—气缸；2—连杆；3—曲轴；4—活塞。

图7-15　活塞式气动电机剖面结构及实物图

二、气动控制元件

1. 方向控制阀

用于通断气路或改变气流方向，从而控制气动执行元件启动、停止和换向的元件称为方向控制阀。方向控制阀主要有单向阀和换向阀 2 种。

（1）单向阀 单向阀是用来控制气流方向，使之只能单向通过的方向控制阀，如图7-16所示。

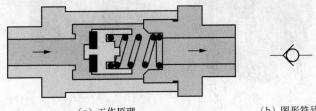

（a）工作原理 （b）图形符号

图7-16 单向阀工作原理图

（2）换向阀 用于改变气体通道，使气体流动方向发生变化，从而改变气动执行元件的运动方向的元件称为换向阀。换向阀按操控方式分，主要有人力操纵控制、机械操纵控制、气压操纵控制和电磁操纵控制4种，如图7-17～图7-20所示。常用换向阀的图形符号如图7-21所示。

（a）按钮式 （b）定位开关式 （c）脚踏式

图7-17 人力操纵控制—人控换向阀常用操控机构实物图

（a）顶杆式 （b）滚轮式 （c）单向滚轮式

图7-18 机械操纵控制—行程阀实物图

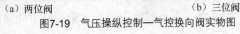

（a）两位阀 （b）三位阀

图7-19 气压操纵控制—气控换向阀实物图

（a）两位阀　　　　　　　　　（b）三位阀

图7-20　电磁操纵控制—电磁换向阀实物图

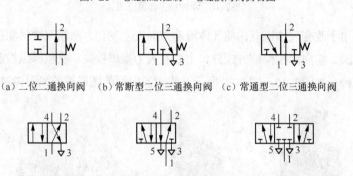

（a）二位二通换向阀　（b）常断型二位三通换向阀　（c）常通型二位三通换向阀

（d）二位四通换向阀　　（e）二位五通换向阀　　（f）中位封闭式三位五通换向阀

图7-21　常用换向阀的图形符号

① 换向阀的表示方法　换向阀换向时各接口间有不同的通断位置，这些位置和通路符号之间进行不同组合就可以得到各种不同功能的换向阀。

② 换向阀的接口标号规则　为便于接线应对换向阀的接口进行标号，标号应符合一定的规则。本书采用 DIN ISO 5599 所确定的规则，标号方法如下。

压缩空气输入口：	1
排气口：	3、5
信号输出口：	2、4
使接口 1 和 2 导通的控制管路接口：	12
使接口 1 和 4 导通的控制管路接口：	14
使阀门关闭的控制管路接口：	10

2. 压力控制阀

在冲压、拉伸、夹紧等很多过程中都需要对执行元件的输出力进行调节或根据输出力的大小对执行元件动作进行控制。压力控制回路是一种非常重要的控制回路。

（1）压力顺序阀　压力顺序阀产生的输出信号为气压信号，用于气动控制。

图 7-22 所示的压力顺序阀由 2 部分组合而成：左侧主阀为一个单气控的二位三通换向阀，右侧为一个通过外部输入压力和弹簧力平衡来控制主阀是否换向的导阀。

被检测的压力信号由导阀的 12 口输入，其气压力和调节弹簧的弹簧力相平衡。当压力达到一定值时，就能克服弹簧力使导阀的阀芯抬起。导阀阀芯抬起后，主阀输入口 1 的压缩空气就能进入主阀阀芯的右侧，推动阀芯左移实现换向，使主阀输出口 2 与输入口 1 导通产生输出信号。由于调节

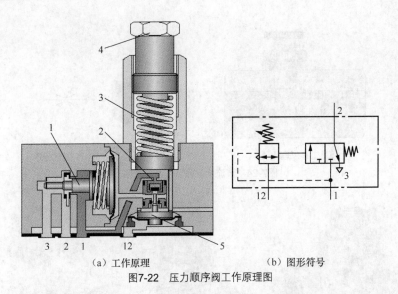

（a）工作原理　　　　　　　　　（b）图形符号

图7-22　压力顺序阀工作原理图

弹簧的弹簧力可以通过调节旋钮进行预先调节设定，所以压力顺序阀只有在12口的输入气压达到设定压力时，才会产生输出信号。这样就可以利用压力顺序阀实现由压力大小控制的顺序动作。

（2）压力开关　压力开关是一种当输入压力达到设定值时，电气触点接通，发出电信号，输入压力低于设定值时，电气触点断开的元件，也称为气电转换器。在图7-23所示的压力开关工作原理图中可以看到，当X口的气压力达到一定值时，即可推动阀芯克服弹簧力右移，而使电气触点1、2断开，1、4闭合导通。当压力下降到一定值时，则阀芯在弹簧力作用下左移，电气触点复位。给定压力同样可以通过调节旋钮设定。

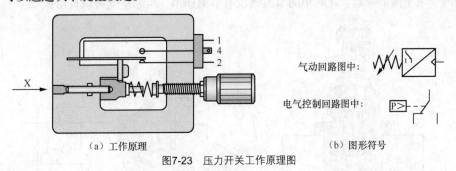

（a）工作原理　　　　　　　　　（b）图形符号

图7-23　压力开关工作原理图

3. 流量控制阀

流量控制就是在管路中制造局部阻力，通过改变局部阻力的大小来控制流量的大小。凡用来控制和调节气体流量的阀，均称为流量控制阀。

（1）节流阀　节流阀就属于流量控制阀。它安装在气动回路中，通过调节阀的开度来调节空气的流量，如图7-24所示。

（2）单向节流阀　单向节流阀是气压传动系统最常用的速度控制元件，也常称为速度控制阀，如图7-25所示。它是由单向阀和节流阀并联而成的。节流阀只在一个方向上起流量控制的作用，相反方向的气流可以通过单向阀自由流通。利用单向节流阀可以实现对执行元件每个方向上的运动速度的单独调节。

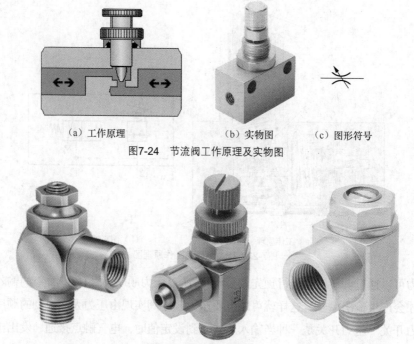

（a）工作原理　　　　　（b）实物图　　　（c）图形符号

图7-24　节流阀工作原理及实物图

图7-25　单向节流阀实物图

如图 7-26 所示，压缩空气从单向节流阀的左腔进入时，单向密封圈 3 被压在阀体上，空气只能从调节螺母 1 调整大小的节流口 2 通过，再由右腔输出。当压缩空气从右腔进入时，单向密封圈在空气压力的作用下向上翘起。此时单向节流阀没有节流作用，压缩空气可以自由流动。

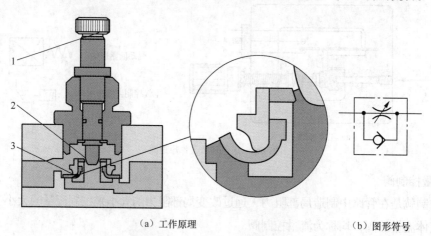

（a）工作原理　　　　　　　　　（b）图形符号

1—调节螺母；2—节流口；3—单向密封圈。
图7-26　单向节流阀工作原理图

（3）排气节流阀　排气节流阀装在执行元件的排气口处，调节排入大气的流量，以改变执行元件的运动速度。它常带有消声器，以降低排气噪声。

4. 气动逻辑元件

在气动系统中，如果有多个输入条件来控制气缸的动作，就需要通过逻辑控制回路来处理这些信号间的逻辑关系，实现执行元件的正确动作。

（1）双压阀　如图7-27所示，双压阀有2个输入口1（3）和一个输出口2。只有当两个输入口都有输入信号时，输出口才有输出，从而实现了逻辑"与门"的功能。当两个输入信号压力不等时，则输出压力相对低的一个，因此它还有选择压力的作用。

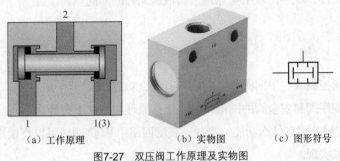

(a) 工作原理　　　　　（b）实物图　　　　　（c）图形符号

图7-27　双压阀工作原理及实物图

在气动控制回路中的逻辑"与门"除了可以用双压阀实现外，还可以通过输入信号的串联实现，如图7-28所示。

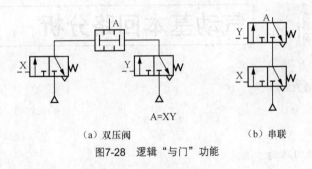

（a）双压阀　　　　　　　　　（b）串联

图7-28　逻辑"与门"功能

（2）梭阀　如图7-29所示，梭阀和双压阀一样有2个输入口1（3）和一个输出口2。2个输入口中任何一个有输入信号时，输出口就有输出，从而实现了逻辑"或门"的功能。当2个输入信号压力不等时，梭阀则输出压力高的一个。

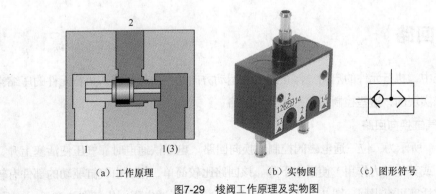

（a）工作原理　　　　　　　（b）实物图　　　　　（c）图形符号

图7-29　梭阀工作原理及实物图

在气动控制回路中可以实现逻辑"或门"，但不可以简单地通过输入信号的并联实现。因为如果2个输入元件中只有一个有信号，其输出的压缩空气会从另一个输入元件的排气口漏出。

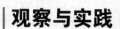

观察与实践

（1）观察气动实验台，找出其中的执行元件、控制元件，并说出它们的作用。

（2）拆装气动元件，观察比较结构原理上与液压元件的异同点。

思考与练习

（1）什么是方向控制阀？单向阀和换向阀各有什么功能？

（2）减压阀、顺序阀和安全阀的图形符号、工作原理和用途上有什么不同？

（3）双压阀与梭阀分别有什么功能？为什么气动回路中"与"逻辑可以直接用串联实现，而"或"逻辑不能直接用并联实现？

（4）气缸有哪些类型，各有何特点？

任务四　气动基本回路分析

【知识目标】

（1）掌握阅读气动回路的方法。

（2）掌握气动回路工作原理。

【能力目标】

能阅读和分析常用气动基本回路。

一、换向回路

在气动系统中，执行元件的启动、停止或改变运动方向是利用控制进入执行元件的压缩空气的通、断或变向来实现的，这些控制回路称为换向回路。

1. 单作用气缸换向回路

图 7-30（a）所示为二位三通电磁阀控制的换向回路。电磁铁通电时靠气压使活塞上升，断电时靠弹簧作用（或其他外力作用）使活塞下降。该回路比较简单，但对由气缸驱动的部件有较高要求，以保证气缸活塞可靠退回。图 7-30（b）所示为 2 个二位二通电磁阀代替图 7-30（a）中的二位三通电磁阀控制单作用缸的回路。图 7-30（c）所示为三位三通电磁阀控制单作用气缸的回路。气缸活塞可在任意位置停留，但由于泄漏，其定位精度不高。

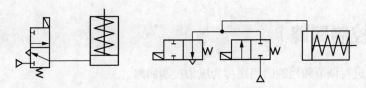
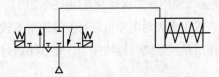

（a）二位三通电磁阀控制的换向回路 （b）两个二位二通电磁阀控制单作用缸的回路

（c）三位三通电磁阀控制单作用气缸的回路

图7-30 单作用气缸换向回路

2. 双作用气缸换向回路

图 7-31 所示为双作用气缸的换向回路。图 7-31（a）所示，为二位五通电磁阀控制的换向回路。图 7-31（b）所示为二位五通单气控换向阀控制的换向回路，气控换向阀由二位三通手动换向控制切换。图 7-31（c）所示为双电控换向阀控制的换向回路。图 7-31（d）所示为双气控换向阀控制的换向回路，主阀由两侧的 2 个二位三通手动阀控制，手动阀可远距离控制，但两阀必须协调动作，不能同时按下。图 7-31（e）所示为三位五通电磁换向阀控制的换向回路。该回路可控制双作用缸换向，还可使活塞在任意位置停留，但定位精度不高。

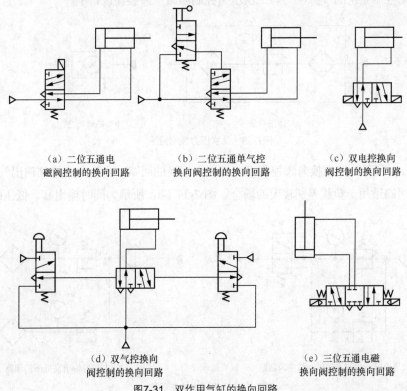

（a）二位五通电 （b）二位五通单气控 （c）双电控换向
磁阀控制的换向回路   换向阀控制的换向回路   阀控制的换向回路

（d）双气控换向 （e）三位五通电磁
阀控制的换向回路   换向阀控制的换向回路

图7-31 双作用气缸的换向回路

二、压力控制回路

对系统压力进行调节和控制的回路称为压力控制回路。

图 7-32 所示为一次压力控制回路。常用外控溢流阀 1 保持供气压力基本恒定，或用电接点式压力表 5 来控制空气压缩机的转、停，使储气罐内压力保持在规定的范围内。采用溢流阀结构较简单、工作可靠，但气量浪费大；采用电接点式压力表对电动机进行控制的要求较高，常用于对小型空压机的控制。一次压力控制回路的主要作用是控制储气罐的压力，使其不超过规定的压力值。一次压力控制回路一般装在气源装置上。

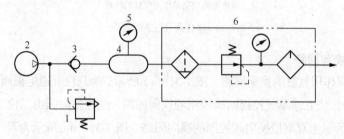

1—溢流阀；2—泵；3—单向阀；4—储气罐；5—压力表；6—气动三联件。

图7-32　一次控制回路

图 7-33 所示为二次压力控制回路。其利用溢流式减压阀来实现定压控制。二次压力回路的主要作用是控制气动控制系统的气源压力。二次压力控制回路一般装在设备上。

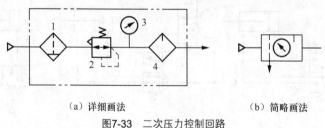

（a）详细画法　　　　　　（b）简略画法

图7-33　二次压力控制回路

图 7-34（a）所示为利用换向阀控制高、低压力切换的回路。由换向阀控制输出气动装置所需要的压力。该回路适用于负载差别较大的场合。图 7-34（b）所示为同时输出高、低压的回路。

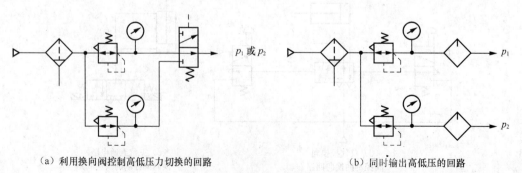

（a）利用换向阀控制高低压力切换的回路　　　　（b）同时输出高低压的回路

图7-34　二级压力控制回路

三、速度控制回路

速度控制回路的功用在于调节或改变执行元件的工作速度。

1. 单作用缸速度控制回路

图 7-35（a）所示为采用节流阀的调速回路。它是通过改变节流阀的开口来调节活塞速度的。该回路的运动平稳性和速度刚度都较差，易受外负载变化的影响。适用于对速度稳定性要求不高场合。

图 7-35（b）所示为采用单向节流阀的调速回路。活塞的 2 个方向运动速度分别由 2 个单向节流阀调节。该回路的特点和图 7-35（a）所示回路相同。

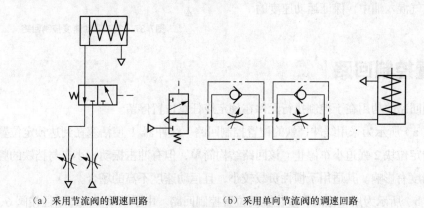

（a）采用节流阀的调速回路　　　（b）采用单向节流阀的调速回路

图7-35　单作用缸速度控制回路

2. 双作用缸速度控制回路

图 7-36（a）所示为进口节流调速回路。活塞的运动速度靠进气侧的单向节流阀调节。该回路承载能力大，但不能承受负值负载，运动平稳性差，受外负载变化的影响大。它适用于对速度稳定性要求不高的场合。

图 7-36（b）所示为出口节流调速回路。活塞的运动速度靠排气侧的单向节流阀调节。该回路可承受负值负载，运动平稳性好，受外负载变化的影响较小。

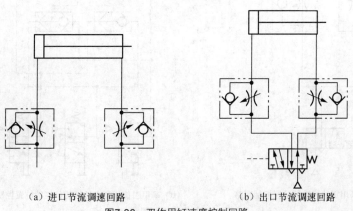

（a）进口节流调速回路　　　　（b）出口节流调速回路

图7-36　双作用缸速度控制回路

3. 气液联动速度控制回路

气液联动速度控制回路是用气动控制实现液压传动，具有运动平稳、停止准确、泄漏途径少、制造维修方便、能耗低等特点。

图 7-37 所示为利用气液转换器的速度控制回路。通过改变节流阀开口来实现 2 个运动方向的无级调速。它要求气液转换器的储油量大于液压缸的容积，并有一定余量。该回路运动平稳，但气、油之间要求密封性好，以防止空气混入油中，保证运动速度的稳定。

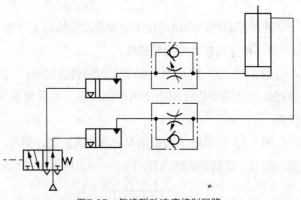

图7-37　气液联动速度控制回路

四、位置控制回路

位置控制回路的功用在于控制执行元件在预定或任意位置停留。

图 7-38（a）所示为采用缓冲挡铁的位置控制回路。缓冲器 1 使活塞在到达预定位置之前进行缓冲，最后由定位块 2 强迫小车停止。该回路结构简单，但有冲击振动，小车与挡铁的频繁碰撞、磨损对定位精度有影响。其适用于惯性负载较小，且运动速度不高的场合。

图 7-38（b）所示为用二位阀和多位缸的位置控制回路。由手动阀 1、2、3 经梭阀 6、7 控制两个换向阀 4 和 5。当阀 2 动作时，两活塞杆都缩回；阀 1 或阀 3 动作时，两活塞杆一伸一缩。该回路多应用于流水线上对物件进行检测、分选等。

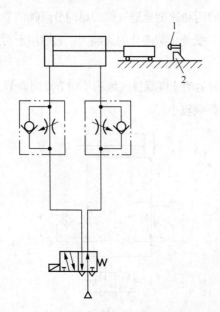

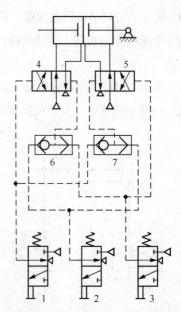

（a）采用缓冲挡铁的位置控制回路　　（b）采用二位阀和多位缸的位缸的位置控制回路

图7-38　位置控制回路

五、往复及程序动作控制回路

往复动作控制回路可使执行元件按所要求的往复次数或状态动作；程序动作控制回路可使执行元件按预定的程序动作。

图 7-39（a）所示为行程阀控制的单往复回路。每按一次手动阀，气缸往复动作一次。

图 7-39（b）所示为双缸顺序动作控制回路。两缸 A、B，按 A 进—B 进—B 退—A 退（即 1—2—3—4）的顺序动作。每按一次手动阀，气缸实现一次工作循环。

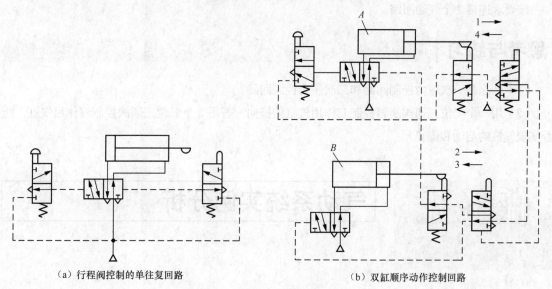

（a）行程阀控制的单往复回路　　　　　　　　（b）双缸顺序动作控制回路

图7-39　往复动作控制回路

六、延时回路

图 7-40（a）所示为延时接通"是门"回路。延时元件在主阀先导信号输入侧形成进气节流。

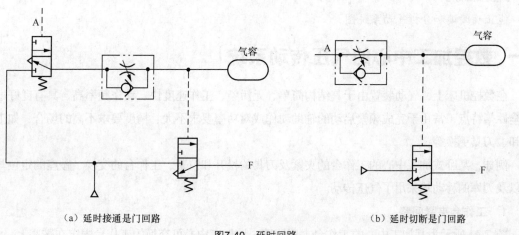

（a）延时接通是门回路　　　　　　　　　　（b）延时切断是门回路

图7-40　延时回路

输入先导信号 A 后须延迟一定时间，待气容中的压力达到一定值时，主阀才能换向，使 F 有输出。延时时间由节流阀调节。

图 7-40（b）所示为延时切断是门回路。延时元件组成排气节流回路，输入信号 A 后，单向阀被推开，主阀迅速换向，立即有信号 F 输出。但当信号 A 切断后，气容内尚有一定的压力，须延迟一定时间后，输出 F 才能被切断。延时时间由节流阀调节。

┃观察与实践┃

按要求连接 2 个气动回路。

┃思考与练习┃

（1）什么是一次压力控制回路和二次压力控制回路？

（2）用一个二位三通阀能否控制双作用气缸的换向？若用 2 个二位三通阀控制双作用气缸，能否实现气缸的启动和停止？

气动系统实例分析

【知识目标】

（1）掌握阅读气动系统图的方法。

（2）掌握几个典型气动系统。

【能力目标】

能正确阅读和分析气动系统图。

┃一、数控加工中心的气压传动系统┃

在数控机床上，气动装置由于其结构简单、无污染、工作速度快、动作频率高、具有良好过载安全性等特点，常用于完成频繁启动的辅助动作或对功率要求不大、精度要求不高的场合，如工件装卸、刀具更换等。

例如，某卧式加工中心的工作台的夹紧及刀具的松开和拉紧、工作台的交换、鞍座的定位与锁紧以及刀库的移动均采用了气压传动。

1. 工作台夹紧回路

图 7-41 所示为某加工中心的工作台夹紧回路。该加工中心可交换的工作台固定在鞍座上，由 4

个带定位锥的气缸夹紧。为使夹紧速度可调,并避免夹紧时产生压力冲击,采用2个单向节流阀对气缸活塞进行进气节流速度控制。工作台通过2个可调工作点的压力开关YK3、YK4的输出信号作为气缸夹紧和松开的完成信号。

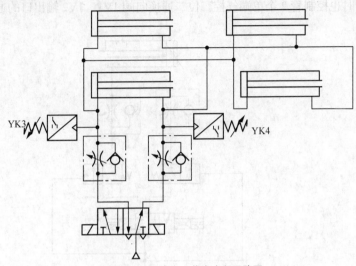

图7-41 加工中心工作台夹紧回路图

2. 交换台抬升回路

交换台是加工中心双工作台交换的关键部件。交换台抬升也采用气压传动,其回路图如图 7-42 所示。由于交换台提升负载较大(达 12 000 N),气缸活塞回缩时,为避免在重力(负值负载)的作用下造成较大的机械冲击或对机械部件造成损伤,所以对气缸活塞运动采用了排气节流调速。图7-42 所示回路中的接近开关 LS16 和 LS17 用于气缸活塞位置检测,来实现整个过程的行程控制。

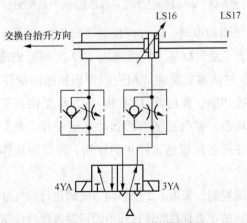

图7-42 加工中心交换台抬升回路图

二、VMC750E 型加工中心刀库气压传动系统

VMC750E 型立式加工中心在换刀时刀库的摆动、刀套的翻转、主轴孔内刀具拉杆的向下

运动、主轴吹气、油气润滑单元排送润滑油，以及数控转台的刹紧、松开等部分均采用了气压传动。

图 7-43 所示为该加工中心盘式刀库摆动的气动回路。图中的电磁换向阀 0V1 一方面控制着回路气源的通断，同时也控制着 2 个单端气控二位二通换向阀 1V1、1V2 输出口的通断。

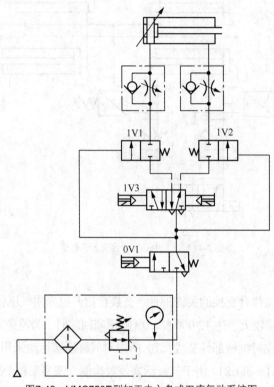

图7-43　VMC750E型加工中心盘式刀库气动系统图

当换向阀 0V1 的电磁线圈通电时，一方面接通了回路的气源，另一方面让换向阀 1V1 和 1V2 的通口由断开变为导通，使气缸与主控换向阀 1V3 之间形成通路。这样，当主控换向阀 1V3 的换向信号到来时，气缸活塞就能完成相应的伸出和缩回动作。而当换向阀 0V1 的电磁线圈失电时，其输出信号被切断，换向阀 1V1 和 1V2 在复位弹簧作用下迅速复位，气缸进气口和排气口均处于封闭状态，使气缸活塞的运动迅速停止。所以气控换向阀 1V1 和 1V2 在这里起到了让气缸活塞在任意位置迅速停止的作用，并能防止切断气源后气缸活塞位置随意改变。

回路中对气缸活塞速度的控制，采用了 2 个单向节流阀进行排气节流控制。这样主要是为了能有效降低气缸活塞运动速度，防止刀具在翻转过程中因运动速度过快而被甩出。

三、数控加工中心气动换刀系统

图 7-44 所示为某数控加工中心气动换刀系统原理图，该系统在换刀过程中实现主轴转角的定位（主轴定向准停）、主轴松刀、拨刀、向主轴锥孔吹气、换刀、插刀、紧刀的顺序动作。

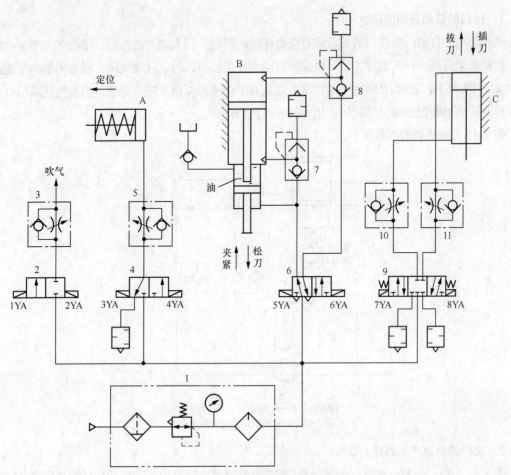

图7-44 数控加工中心气动换刀系统原理图

具体工作过程如下。当数控系统发出换刀指令时，主轴停转，同时4YA通电，压缩空气经过气动三联件1、换向阀4、单向节流阀5进入主轴定位缸A的右腔，缸A的活塞左移，使主轴自动定位。定位后压下无触点开关，使6YA通电，压缩空气经换向阀6、快速排气8进入气液增压器B的上腔。增压腔的高压油使活塞伸出，实现主轴松刀，同时使8YA通，压缩空气经换向阀9、单向节流阀11进入缸C的上腔，缸C下腔排气，活塞下移实现拔刀。再由刀库旋转交换刀具，同时1YA通电，压缩空气经换向阀2、单向节流阀3，向主轴锥孔吹气。之后，1YA断电、2YA通电，停止吹气。8YA断电、7YA通电，压缩空气经换向阀9、单向节流阀10进入缸C的下腔，活塞上移，实现插刀动作。6YA断电、5YA通电，压缩空气经过阀6进入气液增压器B的下腔，使活塞退回，主轴的机械机构使刀具夹紧。4YA断电、3YA通电，缸A的活塞在弹簧力作用下复位，回复到开始状态，换刀结束。

四、门的开闭装置

门的开闭形式多种多样，有推门、拉门、屏风式的折叠门、左右门扇的旋转门以及上下关闭的门等。在此就拉门的气动回路加以说明。

1．拉门的自动开闭回路之一

这种形式的自动门是在门的前后装有略微浮起的踏板，行人踏上踏板后，踏板下沉压至检测用阀，门就自动打开。行人走过去后，检测阀自动地复位换向，门就自动关闭。回路中单向节流阀 3 和 4 起着调节门开关速度的作用。在"X"处装有手动闸阀，用于应急处理，当发生故障门打不开时，打开手动闸阀把压缩空气放掉，用手就可以把门拉开。

图 7-45 为该装置的回路图。

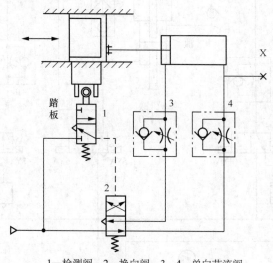

1—检测阀；2—换向阀；3、4—单向节流阀
图7-45　拉门的自动开闭回路之一

2．拉门的自动开闭回路之二

图 7-46 为拉门的另一种自动开闭回路。该装置是通过连杆机构将气缸活塞杆的直线运动转换成

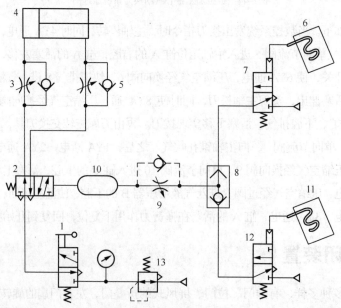

1—手动阀；2—二位五通换向阀；3、5、9—单向节流阀；4—气缸；6、11—踏板 7、12—低气压阀；8—梭阀；10—气容
图7-46　拉门的自动开闭回路之二

门的开闭动作。利用超低压气动阀来检测行人的踏板动作。在踏板 6、11 的下方装有一端完全密封的橡胶管，而管的另一端与超低压气动阀 7 和 12 的控制口相连接。当人站在踏板上时，橡胶管内的压力上升，超低压气阀就开始工作。

首先用手动阀 1 使压缩空气通过阀 2 让气缸 4 的活塞杆伸出来（关闭门）。若有人站在踏板 6 或 11 上，则超低压气阀 7 或 12 动作，使气动阀 2 换向，气缸 4 的活塞杆收回（门打开）。若是行人已走过踏板 6 和 11 的时间，则阀 2 控制腔的压缩空气经由气容 10 和阀 9、8 组成的延时回路而排气。阀 2 复位，气缸 4 的活塞杆伸出使门关闭。由此可见，行人从门的哪边出入都可以。另外，通过调节压力调节器 13 的压力，可以保证在由于某种原因把行人夹住时，也不至于使其达到受伤的程度。若将手动阀 1 复位（图 7-46 中所示位置），气缸 4 的两腔均排气，不再控制拉门，则变成手动门。

五、气动夹紧系统

图 7-47 所示为机床夹具的气动夹紧系统，其在组合机床、机械加工自动线中很常见。其动作循环是：首先垂直缸活塞杆下降，将工件压紧，两侧的气缸活塞杆再同时前进，对工件进行两侧夹紧，然后进行钻削加工，加工完后各夹紧缸退回，将工件松开。

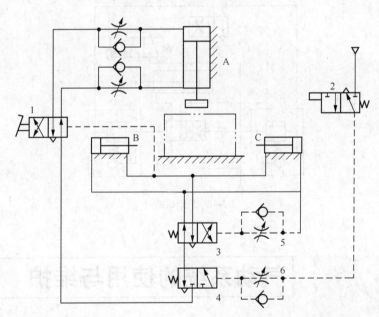

1—脚踏阀；2—行程阀；3、4—换向阀；5、6—节流阀
图7-47 气动夹紧系统

具体工作过程如下。当用脚踏下阀 1 时，压缩空气进入缸 A 的上腔，使夹紧头下降，夹紧工件。当压下行程阀 2 时，压缩空气经单向节流阀 6 进入二位三通气控换向阀 4（调节节流阀开口可以控制阀 4 的延时接通时间）。因此，压缩空气通过主阀 3 进入两侧气缸 B 和 C 的无杆腔，使活塞杆前进，而左右夹紧工件。然后钻头开始钻孔，同时，流过主阀 3 的一部分压缩空气经过单向节流阀 5 进入主阀 3 右端，经过一段时间（时间由节流阀 5 控制）后主阀 3 右位接通，两侧气缸后退到原来

位置。同时，一部分压缩空气作为信号进入脚踏阀1的右端，使阀1右位接通，压缩空气进入缸A的下腔，使夹紧头退回原位。

夹紧头在上升的同时使机动行程阀2复位，气控换向阀4也复位（此时主阀3右位接通），由于气缸B、C的无杆腔通过阀3、阀4排气，主阀3自动复位到左位。完成一个工作循环。该回路只有再踏下脚踏阀1才能开始下一个工作循环。

观察与实践

观察现实中的气动实例，搜集一些气动系统原理图，分析其工作过程和工作特点。

思考与练习

分析图7-48所示的气动回路。

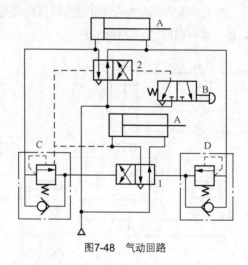

图7-48　气动回路

任务六　气动系统的使用与维护

【知识目标】

了解气动系统的使用与维护方法。

【能力目标】

能正确使用和维护气动系统。

一、气动系统使用注意事项

（1）开车前后要放掉系统中的冷凝水。

（2）定期给油雾器加油。

（3）随时注意压缩空气的清洁度，定期清洗空气过滤器的滤芯。

（4）开车前检查各调节手柄是否在正确位置，行程阀、行程开关、挡块的位置是否正确、牢固。对导轨、活塞杆等外露部分的配合表面擦拭干净后方能开车。

（5）设备长期不用时，应将各手柄放松，以免弹簧失效而影响元件的性能。

（6）熟悉元件控制机构操作特点，严防调节错误造成事故。要注意各元件调节手柄的旋向与压力、流量大小变化的关系。

二、压缩空气的污染及防止方法

压缩空气的质量对气动系统的性能影响极大，它若被污染将使管道和元件锈蚀、密封件变形、喷嘴堵塞，使系统不能正常工作。压缩空气的污染主要来自水分、油分和粉尘3个方面，其污染原因及防止方法如下。

1. 水分

压缩空气中的水分等杂质经常引起元件腐蚀或动作失灵。特别是我国南方或沿海一带的夏季和雨季，空气潮湿，这常常是气动系统发生故障的重要原因。而事实上，一些用户不了解除去水分的重要性，或者是管路设计不合理，或者是元件安装位置不合理，或者是不在必要的地方设置冷凝水排除器，或者设备管理、维修不善，不能彻底排除冷凝水或杂质。这样，往往会造成严重的后果。因此，对空气的干燥过程必须给予足够的重视。

空气压缩机吸入的含水分的湿空气，经压缩后提高了压力，当再度冷却时就要析出冷凝水。介质中水分造成的故障见表7-4。

表 7-4　　　　　　　　　　　介质中水分造成的故障

故障	原因及后果
管道故障	1. 使管道内部生锈 2. 使管道腐蚀造成空气泄漏、容器破裂 3. 管道底部滞留水分引起流量不足、压力损失过大
元件故障	1. 因管道生锈加速过滤器网眼堵塞，过滤器不能工作 2. 管内锈屑进入阀的内部，引起动作不良，泄漏空气 3. 锈屑使执行元件咬合，使其不能顺利地运转 4. 直接使气动元件的零部件（弹簧、阀芯、活塞杆）受腐蚀、引起转换不良、空气泄漏、动作不稳定 5. 水滴侵入阀体内部，引起动作失灵

续表

故障	原因及后果
元件故障	6. 水滴进入执行元件内部，使其不能顺利运转 7. 水滴冲洗掉润滑油，造成润滑不良，引起阀的动作失灵，执行元件运转不稳定 8. 阀内滞留水滴引起流量不足，压力损失增大 9. 因发生冲击现象引起元件破损

为了排除水分，把压缩机排出的高温气体尽快冷却下来析出水滴，需在压缩机出口处安装冷却器。在空气输入主管道的地方应安装滤气器以清除水分。此外，在水平管安装时，要保留一定的倾斜度并在末端设置冷凝水积留处，使空气流动过程中产生的冷凝水沿斜管流到积水处经排水阀将其排出。为了进一步净化空气，要安装干燥器。除水方法有如下 4 种。

（1）吸附除水法　用吸附能力强的吸附剂，如硅胶、分子筛等去除水分。

（2）压力降温法　利用提高压力缩小体积的方法，降温使水滴析出。

（3）机械出水法　利用机械阻挡和旋风分离的方法，析出水滴。

（4）冷冻法　利用制冷设备使压缩机空气冷却到露点以下，使空气中的水汽凝结成水而析出。

2. 油分

油分是由于压缩机使用的一部分润滑油呈现雾状混入压缩空气中，随压缩空气一起输送出去。介质中的油分会造成橡胶、塑料、密封材料变质、喷嘴孔堵塞、食品医疗机械污染。

介质中的油分造成的故障详见表 7-5。

表 7-5　　　　　　　　　　介质中油分造成的故障

故障	原因及后果
密封圈变形	1. 引起密封圈收缩，压缩空气泄漏，动作不良，执行元件输出力不足 2. 引起密封圈泡胀、膨胀、摩擦力增大，使阀不能动作，使执行元件输出力不足 3. 引起密封圈硬化，摩擦面早期磨损，使压缩空气泄漏 4. 因摩擦力增大，使阀和执行元件动作不良
污染环境	1. 食品、医疗品直接和压缩空气接触时，有碍卫生 2. 防护服、呼吸器等压缩空气直接接触人体的场所，危害人体健康 3. 工业原料、化学药品直接接触压缩空气的场所使原料化学药品的性质变化 4. 工业炉等直接接触火焰的场所有引起火灾的危险 5. 使用压缩空气的计量测试仪器会因污染而失灵 6. 射流逻辑回路中射流元件内部小孔被油堵塞，元件失灵 7. 要求极度忌油的环境，从阀、执行元件的密封部分渗出的油以及换向阀的排气中所含的油雾都会污染环境

介质中油分的清除主要采用油滤器。压缩空气中含有的油分包括雾状粒子、溶胶状粒子以及更小的具有油质气味的粒子。雾状油粒子可用离心式滤气器清除，但是比它更小的油粒子就难于清除了。更小的粒子可利用活性炭的活性作用吸收油脂的方法，也可利用多孔滤芯使油粒子通过纤维层空隙时相互碰撞逐渐变大而清除。

3. 灰尘

空气压缩机吸入有粉尘的介质而流入系统中会引起气动元件的摩擦副损坏，增大摩擦力，也会引起气体泄漏，甚至控制元件动作失灵，执行元件推力降低。介质中粉尘造成的故障详见表 7-6。

表 7-6   介质中粉尘造成的故障

故障	原因及后果
粉尘进入控制元件	1. 使控制元件摩擦副磨损、卡死、动作失灵 2. 影响调压的稳定性
粉尘进入执行元件	1. 使执行元件摩擦副损坏，甚至卡死，动作失灵 2. 降低输出
粉尘进入计量测试仪器	使喷射挡板节流孔堵塞，仪器失灵
粉尘进入射流回路中	射流元件内部小孔堵塞，元件失灵

在压缩机吸气口安装过滤器，可减少进入压缩机中气体的灰尘量。在气体进入气动装置前设置过滤器，可进一步过滤灰尘杂质。

三、气动系统的噪声

气动系统的噪声，已成为文明生产的一种严重污染，是妨碍气动推广和发展的一个重要原因。目前消除噪声的主要方法：一是利用消声器，二是实行集中排气。

四、气动系统密封问题

气动系统中的阀类、气缸以及其他元件，都存在着大量的密封问题。密封的作用，就是防止气体在元件中的内泄漏和向元件的外泄漏，以及杂质从外部侵入气动系统内部。密封件虽小，但与元件的性能和整个系统的性能都有密切的关系，个别密封件的失效，可能导致元件本身以至整个系统不能工作。因此，对于密封问题，千万不可忽视。

密封性能良好，首先要求结构设计合理。此外，密封材料的质量及对工作介质的适应性，也是决定密封效果的重要方面。气动系统中常用的密封材料有石棉、皮革、天然橡胶、合成橡胶及合成树脂等。其中合成橡胶中的耐油丁腈橡胶用得最多。

观察与实践

排除简单的气动故障。

思考与练习

（1）使用气动系统时，应注意哪些问题？

（2）压缩空气中有哪些污染物？如何减少？

综合训练

一、填空题

1. 压缩气的污染主要来自_____、_____和_____3个方面。

2. 在压缩机吸气口安装_____，可减少进入压缩机中气体的灰尘量。

3. 消除气动噪声的主要方法是_____和_____。

4. 后冷却器一般装在空气压缩机的_____。

5. 油雾器一般应装在_____之后，尽量靠近_____。

6. 气缸用于实现_____或_____。

7. 电机用于实现连续的_____。

8. 气液阻尼缸是由_____和_____组合而成的，其以_____为能源，以_____作为控制调节气缸速度的介质。

9. 压力控制阀是利用_____和弹簧力相平衡的原理进行工作的。

10. 流量控制阀是通过_____调节压缩空气的流量，从而控制气缸的运动速度的。

11. 排气节流阀一般应装在_____的排气口处。

12. 快速排气阀一般应装在_____。

13. 气压控制向换阀分为_____、_____、_____和_____控制。

14. 换向回路是控制执行元件的_____、_____或_____。

15. 二次压力回路的主要作用是_____。

16. 速度控制回路的作用是_____。

二、判断题

1. 由空气压缩机产生的压缩空气，一般不能直接用于气动系统。　　　　　　（　　）

2. 压缩空气具有润滑性能。　　　　　　（　　）

3. 一般在换向阀的排气口应安装消声器。　　　　　　（　　）

4. 气动逻辑元件的尺寸较大、功率较大。　　　　　　（　　）

5. 常用外控溢流阀保持供油压力基本恒定。　　　　　　（　　）

6. 气压传动中，用流量控制阀来调节气缸的运动速度，其稳定性好。　　　　　　（　　）

7. 气压传动能使气缸实现准确的速度控制和很高的定位精度。　　　　　　（　　）

8. 出口节流调速可以承受负值负载。　　　　　　（　　）

9. 气液联动速度控制回路具有运动平衡、停止准确、能耗低等特点。　　　　　　（　　）

10. 气动回路一般不设排气管道。　　　　　　（　　）

Chapter

附录

常用液压与气动元件图形符号

（摘自 GB/T786.1—1993）

附表 A-1 　　　　　　　　　　　基本符号

名　称	符　号	名　称	符　号
工作油路		控制管路	
连接管路		交叉管路	
柔性管路		组合元件线	
油箱		上置油箱	
直接排气		带连接措施的排气口	
快速接头		带单向阀的快速接头	
单通路旋转接头		多通路旋转接头	

附表 A-2　　　　　　　　　控制机构和控制方法

名　称	符　号	名　称	符　号
按钮式人力控制		手柄式人力控制	
脚踏式人力控制		滚轮式机械控制	
顶杆式机械控制		弹簧控制	
电磁铁		比例电磁铁	
双作用电磁铁		压力控制	
液压先导控制		气压先导控制	
电—液先导控制		电—气先导控制	
内部压力控制		外部压力控制	

附表 A-3　　　　　　　　　执行机构（泵、马达、缸）

名　称	符　号	名　称	符　号
液压源		气压源	
单向定量液压泵		单向变量液压泵	
双向定量液压泵		双向变量 液压泵	
单向定量马达		单向变量 液压马达	
双向定量马达		双向变量 液压马达	
定量泵—马达		压力补偿变量泵	
单杆活塞缸		双杆活塞缸	
柱塞缸		单作用缸 （弹簧复位）	
单向缓冲缸		双向缓冲缸	
伸缩缸		摆动电机（缸）	

附表 A-4　　　　　　　　　　　　控制元件

名　称	符　号	名　称	符　号
直动型溢流阀		先导型溢流阀	
直动型减压阀		先导型减压阀	
定差减压阀		溢流减压阀	
顺序阀一般符号或直动型顺序阀		先导型顺序阀	
压力继电器		卸荷阀	
电磁溢流阀（常通型）		温度补偿调速阀	详细符号　简化符号
单向调速阀		调速阀	详细符号　简化符号

续表

名　　称	符　号	名　　称	符　号
单向节流阀		不可调节流阀	
节流阀（带消声器）		可调节流阀	
快速排气阀		单向顺序阀（平衡阀）	
单向阀		液控单向阀	
二位二通换向阀（常通）		液压锁	
二位二通换向阀（常闭）		二位五通换向阀	
二位三通换向阀		三位四通换向阀	
二位四通换向阀		三位五通换向阀	

附表 A-5　　　　　　　　　　辅助元件

名　称	符　号	名　称	符　号
蓄能器		蓄能器（气压式）	
温度计		压力表（计）	
液面计		流量计	
过滤器		磁性过滤器	
分水排水器		空气过滤器	
冷却器		加热器	
空气干燥器		油雾器	
气源调节器		消声器	
电动机		原动机	
行程开关		压力指示器	

《液压与气动》模拟试卷

题号	一	二	三	四	五	六	总 分	
题分	10	10	25	20	15	20	核分人	
得分							复查人	

得分	评卷人	复查人

一、单项选择题（在每小题列出的备选项中只有一个是符合题目要求的，请将其代码填写在题干后的括号内。错选、多选或未选均无分。每小题 1 分，共 10 分。）

1. 当液压系统工作温度较高时，宜选用黏度较_____的液压油，运动速度大时，宜选用黏度较_____的液压油。　　　　　　　　　　　　　　（　　）

    A. 高、高　　　B. 高、低　　　C. 低、高　　　D. 低、低

2. _____不可作背压阀。　　　　　　　　　　　　　　　　　　　（　　）

    A. 溢流阀　　　B. 减压阀　　　C. 顺序阀　　　D. 单向阀

3. 由于液压电机工作时存在泄漏，因此液压电机的理论流量_____其实际流量。（　　）

    A. 大于　　　　B. 小于　　　　C. 等于

4. 为了使减压回路可靠工作，其最高调整压力应比系统压力_____。　　（　　）

    A. 低一定数值　　　B. 等于　　　C. 高一定数值

5. 在液压原理图中，与三位换向阀连接的油路一般应画在阀符号的_____位置。（　　）

    A. 左格　　　　B. 右格　　　　C. 中格

6. 单杆活塞缸作为差动液压缸使用时，要使其往复运动速度相等，其活塞面积应为活塞杆面积的_____。　　　　　　　　　　　　　　　　　　　　　（　　）

    A. 0.7 倍　　　B. 1 倍　　　C. 1.41 倍　　　D. 2 倍

7. 大流量系统的主油路换向，应选用_____。　　　　　　　　　　（　　）

    A. 手动换向阀　　B. 电磁换向阀　　C. 电液换向阀　　D. 机动换向阀

8. 在三位换向阀中，其中位可使液压泵卸荷的是_____。　　　　　（　　）

    A. H 型　　　　B. P 型　　　　C. Y 型　　　　D. O 型

9. 顺序动作回路可用_____来实现。　　　　　　　　　　　　　　（　　）

    A. 溢流阀　　　B. 单向阀　　　C. 压力继电器　　　D. 减压阀

10. 系统压力过高的原因可能是_____。　　　　　　　　　　　　　（　　）

A. 泄漏   B. 溢流阀卡死   C. 温度过高   D. 油液中混入空气

得分	评卷人	复查人

二、判断题（每小题1分，共10分）在题前括号中，对的打"√"，错的打"×"。

11. 液压传动不易获得很大的力和转矩。（　　）

12. 液压系统的工作压力值一般是指绝对压力值。（　　）

13. 液体在变径管中流动时，其管道截面积越小，则流速越高，而压力越小。（　　）

14. 采用顺序阀实现的顺序动作回路中，其顺序阀的调整压力应比先动作的液压缸的最高工作压力低。（　　）

15. 液压泵在公称压力下的流量就是理论流量。（　　）

16. 用压力表测量压力时，被测压力不应超过压力表量程的3/4。（　　）

17. 背压阀使液压缸回油腔具有一定压力，有保持运动平稳的作用。（　　）

18. 高压大流量系统可采用电液换向阀实现主油路方向控制。（　　）

19. 通过节流阀的流量与节流阀口的通流面积成正比，与阀两端的压差大小无关。（　　）

20. 由于空气的黏性小，流动损失小，所以适宜集中供气，远距离输送。（　　）

得分	评卷人	复查人

三、填空题（每空1分，共25分。）

21. 液压系统由＿＿＿＿、＿＿＿＿、＿＿＿＿、辅助元件、工作介质5个部分组成。

22. YA-N32液压油在40℃时运动黏度为＿＿＿cSt。

23. 液压系统的工作压力决定于＿＿＿＿＿＿，而液压缸活塞的运动的速度由＿＿＿＿＿＿决定。

24. 管路中的压力损失有＿＿＿＿和＿＿＿＿2种。

25. 常用液压泵有＿＿＿＿、＿＿＿＿和＿＿＿＿3大类。

26. 变量叶片泵通过改变＿＿＿＿来变量，柱塞泵则是通过改变＿＿＿＿来变量。

27. 三位换向阀中位机能使系统保压的有＿＿＿型、＿＿＿型、＿＿＿型等。

28. 压力继电器是一种＿＿＿＿信号转换元件。

29. 电液动换向阀是由先导电磁阀和＿＿＿＿组成的复合阀，先导电磁阀的作用是＿＿＿＿；后者的作用是＿＿＿＿。

30. 在定量泵供油的液压系统中，用＿＿＿＿对执行元件的速度进行调节，这种回路称为＿＿＿＿回路。

31. 气动三大件分别是＿＿＿＿、＿＿＿＿和＿＿＿＿。

得分	评卷人	复查人

四、简答题（每小题10分，共20分。）

32. 画出下列液压元件的图形符号（每空1分）

先导型顺序阀		单向变量泵	
双杠液压缸		双向液压马达	
气压源		压力继电器	
直动型溢流阀		单向调速阀	
油雾器		三位四通电磁换向阀（M 型）	

33. 在液压系统中，溢流阀有哪几种作用？画出其中 2 种的示意图。（10 分）

得分	评卷人	复查人

五、计算题（15 分。）

34. 图示系统中，液压缸内径 D=100 mm，活塞杆直径 d=50 mm，液压泵输出压力 p=5 MPa，q=20 L/min，η_m=η_v=0.9，不计缸的损失，求：

（1）缸前进时的推力；

（2）缸进退的速度；

（3）泵的输出、输入功率。

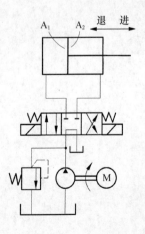

得分	评卷人	复查人

六、分析题（每小题 10 分，共 20 分。）

35. 图示专用钻镗床液压系统，能实现"快进→一工进→二工进→快退→原位停止"工作循环。

（1）填写其电磁铁动作表。（每步 2 分，共 10 分）

电磁铁和行程阀动作顺序表

动　作 ＼ 电磁铁	1YA	2YA	3YA	4YA
快进				
一工进				
二工进				
快退				
停止				

（2）写出一工进时的进回油流动路线。（10分）

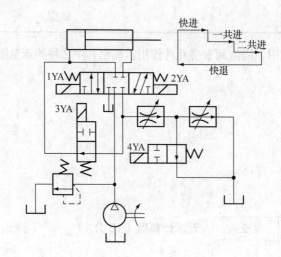

参考文献

［1］文红名，欧阳毅文. 液压与气动技术. 哈尔滨：哈尔滨工程大学出版社，2008.

［2］张群生. 液压与气压传动. 北京：机械工业出版社，2004.

［3］李芝. 液压传动. 北京：机械工业出版社，2003.

［4］牟志华，张海军. 液压与气动技术. 北京：中国铁道出版社，2010.

［5］潘玉山. 液压与气动技术. 北京：机械工业出版社，2008.